La Metodologia delle Variazioni Concomitanti

Ulisse Di Corpo e Antonella Vannini

www.sintropia.it

Copyright © 2016 Ulisse Di Corpo e Antonella Vannini

ISBN: 9781074995652

INDICE

1. Prologo   1
2. Scienza   3
3. Metodologia   35
4. Statistica   63
5. Analisi dei dati su variabili dicotomiche   87
6. Software   99

1

PROLOGO

> *"Non tutto ciò che conta può essere contato,*
> *e non tutto ciò che può essere contato, conta."*
> William Bruce Cameron

Nel libro La Voce della Verità Gandhi afferma:

"C'è una forza indefinibile e misteriosa che pervade ogni cosa. La sento, anche se non la vedo. Questa forza invisibile si fa sentire e tuttavia sfida qualsiasi dimostrazione, perché è così diversa da tutto ciò che percepisco con i sensi."[1]

La *Teoria Unitaria*[2] postula l'esistenza di una dimensione vitale, ma invisibile che possiamo sentire in modi soggettivi e qualitativi. Tuttavia, il metodo scientifico basato sulla metodologia sperimentale richiede dati quantitativi e oggettivi e non è in grado di studiare questa dimensione invisibile. Ciò ha portato a considerare la dimensione invisibile al di fuori della portata della scienza o inesistente.

Nel 1843 l'economista e filosofo John Stuart Mill formulò la metodologia delle variazioni concomitanti che consente lo studio scientifico di informazioni qualitative e soggettive aprendo la scienza alla dimensione invisibile.

La novella satirica Flatlandia, scritta nel 1884, introduce bene lo scopo di questo libro.[3]

"È vero che abbiamo davvero in Flatlandia una terza dimensione non

---

[1] Gandhi MK (1968), La Voce della Verità, www.amazon.it/dp/8879832069
[2] Di Corpo U, Introduzione alla sintropia, www.amazon.it/dp/B07R8KY6MR
[3] Abbott EA (1884), Flatlandia, https://www.amazon.it/dp/B0067K1WE0

riconosciuta chiamata "altezza", così come è anche vero che tu hai davvero in Spaziolandia una quarta dimensione non riconosciuta, al momento senza nome, che chiamerò "extra". Ma non possiamo prendere coscienza della nostra "altezza" più di quanto tu puoi della tua "extra altezza". (...) Bene, questo è il mio destino: ed è naturale per noi Flatlandesi di rinchiudere un quadrato perché predica la Terza Dimensione, come è per voi Spaziolandesi rinchiudere un Cubo perché predica la Quarta. Ahimè, quanto è forte la somiglianza di questa cecità in tutte le dimensioni! Punti, linee, quadrati, cubi, extra-cubi, siamo tutti responsabili degli stessi errori, tutti ugualmente schiavi dei nostri rispettivi pregiudizi dimensionali."

Questo libro è dedicato alla metodologia delle variazioni concomitanti e ad un software che rende possibile lo studio della dimensione per noi invisibile, oltre a consentire l'utilizzo della metodologia sperimentale in modo più robusto e riproducibile.

2

SCIENZA

La scienza (dal latino scientia, che significa conoscenza) è un'impresa sistematica che costruisce e organizza la conoscenza sotto forma di spiegazioni e previsioni verificabili. Una spiegazione è un insieme di affermazioni che chiariscono le relazioni tra cause, contesto e conseguenze dei fatti. Le spiegazioni possono stabilire regole o leggi che consentono di formulare previsioni. Di conseguenza, le relazioni (tra cause, contesto e conseguenze) sono alla base delle spiegazioni e delle previsioni e, quando le relazioni sono studiate in modo replicabile e oggettivo, è possibile parlare di scienza.

- L'alba della scienza

Le prime tracce di scienza si trovano in Mesopotamia e risalgono al 3.500 a.C., quando per le analisi venivano conservate registrazioni con dati numerici estremamente accurati. Il racconto più antico sulla metodologia scientifica risale al 1600 a.C., quando un testo medico egiziano[4], un trattato chirurgico sul trauma che descrive 48 casi di lesioni, fratture, ferite, lussazioni e tumori, presentò le seguenti fasi: esame, diagnosi, trattamento e prognosi. Questo trattato mostra forti somiglianze con il metodo scientifico moderno e ha svolto un ruolo significativo nello sviluppo della metodologia empirica, basata su osservazioni e sperimentazioni.[5] Verso la metà del I millennio a.C., i

---

[4] Nel papiro Edwin Smith, dal nome del commerciante che lo acquistò nel 1862.
[5] Nella visione empirista, si può affermare di avere conoscenza solo quando si hanno prove empiriche.

primi raffinati strumenti matematici per la descrizione dei fenomeni astronomici furono sviluppati a Babilonia, dando origine all'approccio scientifico in astronomia. Tutte le successive varietà di astronomia scientifica, nel mondo ellenistico, in India, nell'Islam e in Occidente discendono dall'astronomia babilonese.[6]

Ma fu in Grecia, con Talete di Mileto[7], che le prime forme di scienza teorica razionale vennero sviluppate intorno al 600 a.C. L'approccio razionale presuppone che la sola ragione possa distinguere la verità o la falsità delle proposizioni. Talete tentò di spiegare i fenomeni naturali senza fare riferimento alla mitologia, al soprannaturale e alla religione, proclamando che ogni evento aveva una causa naturale. Talete fu incredibilmente influente e quasi tutti i filosofi presocratici lo seguirono nel tentativo di fornire spiegazioni senza fare riferimento alla mitologia. Il rifiuto di Talete delle spiegazioni mitologiche divenne un elemento fondamentale del processo scientifico.

Intorno al 500 a.C. Leucippo sviluppò la teoria dell'atomismo, secondo la quale tutto è composto da elementi indivisibili che chiamò atomi. Questa idea venne approfondita dal suo allievo e successore Democrito.[8] Erano entrambi materialisti, credevano che tutto fosse il risultato di leggi deterministiche.

Idee atomiste simili emersero indipendentemente tra gli antichi filosofi indiani della scuola di logica di Nyaya e la scuola di atomismo buddista, che fiorirono nel subcontinente indiano nel IV secolo a.C.

---

[6] Aaboe A (1974), Scientific Astronomy in Antiquity, Philosophical Transactions of the Royal Society 276 (1257): 21–42.
[7] Talete di Mileto (624 -546 a.C.) era un filosofo greco presocratico di Mileto in Asia minore e uno dei sette saggi della Grecia. Molti lo considerano il primo filosofo della tradizione greca.
[8] Democrito (460 - 370 a.C.) fu un influente filosofo presocratico della Grecia antica.

Intorno al 350 a.C. Platone[9] e il suo allievo più famoso, Aristotele[10], gettarono le basi del ragionamento deduttivo occidentale nella scienza. Aristotele introdusse una metodologia che coinvolgeva sia il ragionamento induttivo che quello deduttivo. Per Aristotele, le verità universali possono essere conosciute da particolari fatti per induzione, ma l'induzione da sola non tiene conto della conoscenza scientifica. L'induzione fornisce le premesse primarie all'indagine scientifica, per generalizzazione, ma non fornisce una spiegazione causale. La metodologia che Aristotele ideò, per lo sviluppo delle spiegazioni causali, fu il ragionamento deduttivo basato sui sillogismi, che permette di dedurre nuove verità universali da quelle già stabilite, attraverso l'intuizione. Secondo Aristotele, l'induzione non fornisce le basi per la scienza, mentre l'intuizione offre solide fondamenta. Diceva che *"l'intuizione è la fonte originaria della conoscenza scientifica"*.

Aristotele scrisse che *"non abbiamo conoscenza di una cosa finché non ne abbiamo colto il perché, vale a dire la sua causa"*.[11]

Sosteneva che ci sono quattro tipi di cause: *cause materiali*, *cause formali* determinate dal contesto, come i rapporti che causano l'ottava, *cause efficienti* che agiscono come mezzo, ad esempio un falegname per un tavolo o un padre per un ragazzo e *cause finali* come la pianta adulta per un seme e il veleggiare per una barca a vela.

Nel 3° e 4° secolo a.C., l'anatomista greco Herophilos (335-280 a.C.) usò il metodo sperimentale per registrare dati sulle dissezioni. Considerava essenziale produrre conoscenza partendo da osservazioni empiriche e dai confronti.

Nel mondo islamico era comune che gli scienziati fossero anche artigiani, esperti costruttori di strumenti. Usavano l'approccio

---

[9] Platone (428 - 348 a.C.) fu un filosofo, oltre che un matematico, della Grecia classica e una figura influente in filosofia. Era studente di Socrate e fondò la sua Accademia ad Atene, la prima istituzione di istruzione superiore nel mondo occidentale.

[10] Aristotele (384 - 322 a.C.) era un filosofo e scienziato greco nato a Stagirus, nel nord della Grecia. All'età di diciotto anni, si unì all'Accademia di Platone ad Atene. I suoi scritti coprono molti argomenti - tra cui fisica, biologia, zoologia, metafisica, logica, etica, estetica, poesia, teatro, musica, retorica, linguistica, politica e governo.

[11] Falcon A. (2008), Aristotelismo, https://www.amazon.it/dp/880623112X

sperimentale per distinguere tra teorie scientifiche concorrenti, come si può vedere nelle opere di Jābir ibn Hayyān (721-815), che ha lasciato quasi 3.000 trattati e articoli in campi che vanno dalla cosmologia, musica, medicina, biologia, tecnologia chimica, geometria, logica e generazione artificiale di esseri viventi. Un totale di 112 libri sono dedicati alla versione araba della Tavola Smeraldina di Ermete Trismegisto, un'opera antica che si è rivelata una base ricorrente delle operazioni alchemiche.

Ibn al-Haytham (965-1040), che è stato descritto come il padre dell'ottica moderna, combinò osservazioni, esperimenti e argomentazioni razionali a sostegno della sua teoria della visione. Mostrò che l'antica teoria della visione, sostenuta da Tolomeo ed Euclide (secondo cui gli occhi emettono raggi di luce usati per vedere), e la teoria supportata da Aristotele (dove gli oggetti emettono particelle fisiche captate dagli occhi), erano entrambe sbagliate.

Le prove sperimentali supportavano la maggior parte delle proposizioni nei suoi libri e fondarono le sue teorie. Ibn al-Haytham ha usato il metodo scientifico per stabilire che la luce viaggia in linea retta: *"Questo è chiaramente osservato nei raggi di luce che entrano nelle stanze buie attraverso i buchi. ... la luce che entra è chiaramente osservabile grazie alla polvere che riempie l'aria."*[12] Ibn al-Haytham ha anche spiegato il ruolo dello scetticismo e ha criticato Aristotele per la sua mancanza di contributo al metodo dell'induzione, che considerava il requisito fondamentale per una vera ricerca scientifica.

Lo scienziato persiano Abū Rayhān al-Bīrūnī (973-1048) usò il metodo sperimentale in diversi campi di indagine, con enfasi sulla sperimentazione ripetuta. Bīrūnī si preoccupava di come prevenire errori sistematici e distorsioni nelle osservazioni, come *"errori causati dall'uso di piccoli strumenti ed errori commessi da osservatori umani."* Sosteneva che se gli strumenti producono errori, allora devono essere fatte più osservazioni e la media aritmetica deve essere usata come misura reale.

---

[12] Alhazen (Ibn Al-Haytham) Critique of Ptolemy, translated by S. Pines, Actes X Congrès internationale d'histoire des sciences, Vol I Ithaca 1962, as referenced on p.139.

Ibn Sina (980 - 1037), latinizzato come Avicenna, studiò tutti i libri di Aristotele, che all'epoca erano disponibili solo in arabo, e li usò come base dei suoi metodi di guarigione descritti nel famoso libro Al-Qanun, che è stato ampiamente utilizzato fino al 17° secolo, quando il metodo razionale-meccanicista si diffuse in Occidente, portando al completo capovolgimento nell'approccio scientifico verso la natura e la vita.

Nel libro delle guarigioni (1027), Avicenna diverge da Aristotele su diversi punti: *"come fa uno scienziato a trovare gli assiomi o le ipotesi iniziali di una scienza deduttiva senza sottometterli ad alcune premesse più basilari?"* Sostenendo che l'induzione *"non porta ad assolute, universali e certe premesse."* Al suo posto, sostenne il *"metodo sperimentazione come mezzo per l'indagine scientifica"*. Fu anche il primo a descrivere quello che è essenzialmente il metodo delle variazioni concomitanti.

- Dualità

Sebbene qualche conoscenza della metodologia scientifica sembra fosse presente nei centri ecclesiastici dell'Europa occidentale, dopo la caduta dell'impero romano, le idee sulla metodologia scientifica vennero reintrodotte nel 12° secolo in Europa, attraverso le traduzioni latine di testi arabi e greci. La mancanza di traduzioni latine era dovuta alle tecniche limitate per copiare i libri, la mancanza di accesso ai testi greci e le poche persone che sapevano leggere il greco antico, mentre le versioni arabe furono più accessibili.

Aristotele sostenevano la nozione di un Dio personale. Questa concezione era incompatibile con i dogmi della Chiesa ed entrò a far parte della lista dei libri proibiti nelle condanne del 1210–1277.

Alla fine di quello stesso periodo, Tommaso d'Aquino (1225-1274) riconciliò i punti di vista di Aristotele con il cristianesimo, nella sua opera *Summa Teologica*. Ma, nel 1277 fu emessa una condanna più ampia allo scopo di chiarire che il potere assoluto di Dio trascende qualsiasi principio di logica Aristotelica. Più specificamente, conteneva un elenco di 219 proposizioni che violavano l'onnipotenza di Dio, e incluse in questa lista venti proposizioni di Tommaso d'Aquino. La loro inclusione danneggiò gravemente la reputazione di Tommaso per molti anni.

Il conflitto tra scienza e Chiesa divenne chiaro con i risultati delle osservazioni astronomiche di Nicolò Copernico (1473-1543), che poneva il Sole al centro dell'universo e mostrava le contraddizioni del sistema geocentrico, secondo il quale la Terra era posta al centro dell'universo.

Il lavoro di Copernico rappresentò un'enorme innovazione nel campo astronomico e fu portato avanti da Giovanni Keplero (1571-1630), il quale, grazie alle tavole astronomiche, arrivò alla formulazione delle tre leggi del moto planetario, sviluppando il pensiero eliocentrico copernicano in un modello.

Giordano Bruno (1548 - 17 febbraio 1600), frate e matematico domenicano italiano, famoso per le sue teorie cosmologiche, andò oltre. Sosteneva il modello eliocentrico, ma propose che il Sole fosse solo una delle tante stelle che si muovono nello spazio e sostenne che un numero infinito di mondi abitati, identificati come pianeti, orbitano attorno ad altre stelle. A partire dal 1593, Bruno fu processato per eresia dall'Inquisizione romana per la negazione di diverse dottrine cattoliche fondamentali (tra cui la Trinità, la divinità di Cristo, la verginità di Maria e la Transustanziazione). L'Inquisizione lo dichiarò colpevole e nel 1600 fu bruciato sul rogo a Campo de' Fiori a Roma. Dopo la sua morte ottenne una notevole fama come martire per la scienza. Il caso di Bruno è ancora considerato un punto di riferimento nella nascita della dualità tra scienza e cristianesimo.

La dualità tra scienza e Chiesa è però simboleggiata da Galileo Galilei (1564-1642). Usando il telescopio che era stato appena inventato, Galileo fu in grado di provare empiricamente l'ipotesi eliocentrica di Copernico. Una sequenza di eventi portarono Galileo in conflitto sia con la Chiesa cattolica che con gli aristotelici, per il suo sostegno all'astronomia copernicana. Nel 1610 Galileo pubblicò il suo Sidereus Nuncius, che descrive le sorprendenti osservazioni che aveva fatto con il nuovo telescopio, cioè le fasi di Venere e le lune di Giove.

Nel 1616 l'Inquisizione dichiarò l'eliocentrismo eretico. I libri sull'eliocentrismo furono banditi e a Galileo fu ordinato di astenersi dal tenere, insegnare o difendere idee eliocentriche. Galileo proseguì proponendo una teoria delle maree e delle comete e nel 1619 sostenne che le maree erano la prova del moto della Terra.

Nel 1632 Galileo, ormai vecchio, pubblicò il suo Dialogo sui due sistemi principali del mondo, che difendeva implicitamente l'eliocentrismo, e divenne immensamente popolare. Rispondendo alle crescenti polemiche su teologia, astronomia e filosofia, nel 1633 l'Inquisizione Romana trovò Galileo "*gravemente sospetto di eresia*", condannandolo a una pena detentiva indefinita. Galileo fu tenuto agli arresti domiciliari fino alla sua morte nel 1642.

Nello stesso periodo Francesco Bacone (1561-1626) divenne uno dei maggiori sostenitori del metodo sperimentale, attaccando coraggiosamente le tradizionali scuole di pensiero basate sulla logica deduttiva aristotelica. Bacone parte dalle prove empiriche per arrivare alle leggi generali. Per produrre una conoscenza oggettiva, i metodi scientifici di Galileo e Bacone separano l'osservatore dall'osservato. Questo approccio trasformò totalmente la natura e lo scopo della scienza. Mentre prima lo scopo della scienza era quello di comprendere la natura e la vita, lo scopo era ora di controllare e manipolare la natura.

Come disse Bacone: "*La conoscenza oggettiva darà il comando sulla natura, la medicina, le forze meccaniche e tutti gli altri aspetti dell'universo*". In questa prospettiva, l'obiettivo della scienza diventa quello di asservire la natura. La visione organica della natura venne sostituita da una visione meccanicistica del mondo.

Cartesio (1596-1650) basò il suo lavoro sull'idea che il "*libro della natura*" è stato scritto in caratteri matematici. Il suo scopo era quello di ridurre tutti i fenomeni fisici ad esatte equazioni matematiche e credeva che la natura potesse essere descritta usando semplici equazioni di movimento, in cui solo lo spazio, la posizione e il momento erano rilevanti. "*Datemi posizione e movimento*", disse, "*e vi costruirò l'universo*".

Tra i maggiori contributi di Cartesio c'era il suo metodo analitico di ragionamento, secondo il quale ogni problema può essere scomposto in parti e quindi re-assemblato. Questo metodo è alla base della scienza moderna ed è stato di grande importanza per permettere lo sviluppo di teorie scientifiche e tecnologie complesse.

La visione di Cartesio si basa sulla dualità tra due regni separati e indipendenti: il regno dello spirito, o *res cogitans*, e il regno della materia, o *res extensa*. Questa divisione tra materia e spirito ha avuto profonde conseguenze sulla cultura, portando alla separazione del corpo e della mente che ancora persiste e fornì un riconoscimento formale alla divisione tra scienza (*res extensa*) e religione (*res cogitans*). Secondo Cartesio, la materia e lo spirito sono create da Dio, che è il creatore dell'ordine esatto della natura che vediamo, grazie alla luce del ragionamento (*res cogitans*). Tuttavia, nei secoli successivi il riferimento a Dio fu omesso e la realtà fu divisa nelle scienze umane, legate alla *res cogitans* e alle scienze naturali, che erano un'espressione di *res extensa*.

Cartesio descriveva il mondo materiale come una macchina che non ha intenzionalità né spiritualità. La natura funziona secondo le leggi meccaniche e ogni aspetto del mondo materiale può essere spiegato sulla base della sua posizione e del suo movimento. Questa visione meccanica fu estesa da Cartesio agli organismi viventi, nel tentativo di organizzare una scienza naturale completa. Le piante e gli animali erano considerate semplicemente come macchine, mentre gli esseri umani erano "abitati" da un'anima razionale (*res cogitans*) legata al corpo (*res extensa*) attraverso la ghiandola pineale, al centro del cervello. Il corpo umano, d'altra parte, era simile al corpo di una macchina animale.

Questa visione altamente meccanicistica della natura venne ispirata dall'alta precisione raggiunta all'epoca dalla tecnologia e dall'arte dell'orologeria. Cartesio confrontava gli animali con "orologi con meccanismi e molle" ed estese questo confronto con il corpo umano, paragonando un corpo malato a un orologio mal costruito e un corpo sano a un orologio ben costruito e perfettamente funzionante.

La dualità tra scienza e religione raggiunse la sua maturità nelle opere di Isaac Newton (1642-1728). Newton era un fisico e matematico inglese, ampiamente riconosciuto come uno degli scienziati più influenti e come una figura chiave nella rivoluzione scientifica.

Il suo libro *Philosophiæ Naturalis Principia Mathematica* (Principi matematici di filosofia naturale), pubblicato per la prima volta nel 1687, gettò le basi per la meccanica classica. Nei principia Newton formulò le leggi del moto e della gravitazione universale, che hanno dominato la visione dell'universo fisico per i successivi tre secoli.

Derivando le leggi di Keplero del moto planetario dalla sua descrizione matematica della gravità e usando gli stessi principi per spiegare le traiettorie delle comete, le maree, la precessione degli equinozi e altri fenomeni, Newton rimosse gli ultimi dubbi sulla validità del modello eliocentrico. Questo lavoro ha anche dimostrato che il movimento degli oggetti sulla Terra e dei corpi celesti è descritto dagli stessi principi.

Nondimeno, Newton era anche un teologo perspicace ed erudito. Scrisse molte opere che ora sarebbero classificate come studi occulti e trattati religiosi che si occupano dell'interpretazione letterale della Bibbia. Credeva in un Dio monoteista creatore, la cui esistenza non poteva essere negata di fronte alla grandezza di tutta la creazione, e sosteneva una fede cristiana.

Prima di Newton la Chiesa considerava la scienza una minaccia. Ma con Newton la scienza meccanicistica e la religione dogmatica potevano coesistere nella stessa persona. La scienza meccanicistica si occupa della realtà fisica, mentre la religione dogmatica si occupa del significato della vita e degli aspetti invisibili della realtà. Prese così forma l'alleanza tra scienza meccanicistica e religione dogmatica, e per garantire la coesistenza pacifica tra scienza e religione, la scienza doveva rimanere confinata all'approccio meccanicistico. Ogni tentativo di andare oltre la causalità meccanica era ed è tuttora ferocemente respinto.

Questa dicotomia consentì la rivoluzione industriale, che sarebbe stata altrimenti impossibile.

Dopo Newton la Chiesa ha iniziato a sostenere la visione meccanicistica. Istituzioni come l'Accademia delle scienze pontificie include i più prestigiosi nomi della scienza, tra cui vari premi Nobel.

Queste istituzioni hanno severamente censurato ogni tentativo di espandere la scienza oltre la visione meccanicistica.

- Crisi della dualità

La relatività galileiana afferma che le leggi fondamentali della fisica sono le stesse in tutti i sistemi inerziali. Galileo usò l'esempio di una nave che viaggia a velocità costante, senza oscillare, su un mare liscio. Qualsiasi osservatore che fa esperimenti sotto il ponte non sarebbe in grado di dire se la nave è in movimento o stazionaria. Il principio di relatività galileiano dice che nei sistemi inerziali, cioè i sistemi che si muovono di movimento uniforme, si applicano le stesse leggi della meccanica: nessun esperimento condotto all'interno di un dato sistema inerziale può evidenziare il moto uniforme del sistema e le leggi della fisica sono sempre della stessa forma. Galileo capì che non è possibile rilevare se un sistema è fisso o si muove con moto uniforme. Questo principio è stato formulato come segue:[13]

> *"Riserratevi con qualche amico nella maggiore stanza che sia sotto coverta di alcun gran navilio, e quivi fate d'aver mosche, farfalle e simili animaletti volanti; siavi anco un gran vaso d'acqua, e dentrovi de' pescetti; sospendasi anco in alto qualche secchiello, che a goccia a goccia vadia versando dell'acqua in un altro vaso di angusta bocca, che sia posto a basso: e stando ferma la nave, osservate diligentemente come quelli animaletti volanti con pari velocità vanno verso tutte le parti della stanza; i pesci si vedranno andar notando indifferentemente per tutti i versi; le stille cadenti entreranno tutte nel vaso sottoposto; e voi, gettando all'amico alcuna cosa, non più gagliardamente la dovrete gettare verso quella parte che verso questa, quando le lontananze sieno eguali; e saltando voi, come si dice, a piè giunti, eguali spazii passerete verso tutte le parti. Osservate che avrete diligentemente tutte queste cose, benché niun dubbio ci sia che mentre il vassello sta fermo non debbano*

---

[13] Galileo Galilei (1623), Giornata Seconda del Dialogo sui Massimi Sistemi del Mondo.

succeder cosí, fate muover la nave con quanta si voglia velocità; ché (pur che il moto sia uniforme e non fluttuante in qua e in là) voi non riconoscerete una minima mutazione in tutti li nominati effetti, né da alcuno di quelli potrete comprender se la nave cammina o pure sta ferma: voi saltando passerete nel tavolato i medesimi spazii che prima, né, perché la nave si muova velocissimamente, farete maggior salti verso la poppa che verso la prua, benché, nel tempo che voi state in aria, il tavolato sottopostovi scorra verso la parte contraria al vostro salto; e gettando alcuna cosa al compagno, non con piú forza bisognerà tirarla, per arrivarlo, se egli sarà verso la prua e voi verso poppa, che se voi fuste situati per l'opposito; le gocciole cadranno come prima nel vaso inferiore, senza caderne pur una verso poppa, benché, mentre la gocciola è per aria, la nave scorra molti palmi; i pesci nella lor acqua non con piú fatica noteranno verso la precedente che verso la sussequente parte del vaso, ma con pari agevolezza verranno al cibo posto su qualsivoglia luogo dell'orlo del vaso; e finalmente le farfalle e le mosche continueranno i lor voli indifferentemente verso tutte le parti, né mai accaderà che si riduchino verso la parete che riguarda la poppa, quasi che fussero stracche in tener dietro al veloce corso della nave, dalla quale per lungo tempo, trattenendosi per aria, saranno state separate; e se abbruciando alcuna lagrima d'incenso si farà un poco di fumo, vedrassi ascender in alto ed a guisa di nugoletta trattenervisi, e indifferentemente muoversi non piú verso questa che quella parte. E di tutta questa corrispondenza d'effetti ne è cagione l'esser il moto della nave comune a tutte le cose contenute in essa ed all'aria ancora, che per ciò dissi io che si stesse sotto coverta; ché quando si stesse di sopra e nell'aria aperta e non seguace del corso della nave, differenze piú e men notabili si vedrebbero in alcuni de gli effetti nominati: e non è dubbio che il fumo resterebbe in dietro, quanto l'aria stessa; le mosche parimente e le farfalle, impedite dall'aria, non potrebber seguir il moto della nave, quando da essa per spazio assai notabile si separassero; ma trattenendovisi vicine, perché la nave stessa, come di fabbrica anfrattuosa, porta seco parte dell'aria sua prossima, senza intoppo o fatica seguirebbon la nave, e per simil cagione veggiamo tal volta, nel correr la posta, le mosche importune e i tafani seguir i cavalli, volandogli ora in questa ed ora in quella parte del corpo; ma nelle gocciole cadenti pochissima sarebbe la differenza, e ne i salti e ne i proietti gravi, del tutto impercettibile."

Galileo notò che per un osservatore, su un sistema inerziale, è impossibile stabilire se il sistema è in movimento o fermo.

Per un osservatore su un altro sistema inerziale, ad esempio sulla riva del mare che guarda la nave in movimento, le velocità dei corpi sulla nave si sommano alla velocità della nave. Ad esempio, se una nave si muove a 20 km/h e una palla di cannone viene sparata a 280 km/h nella stessa direzione verso il movimento della nave, l'osservatore in riva al mare vedrà la palla di cannone muoversi a 300 km/h, 280 km/h della velocità della palla di cannone più 20 km/h della velocità della barca.

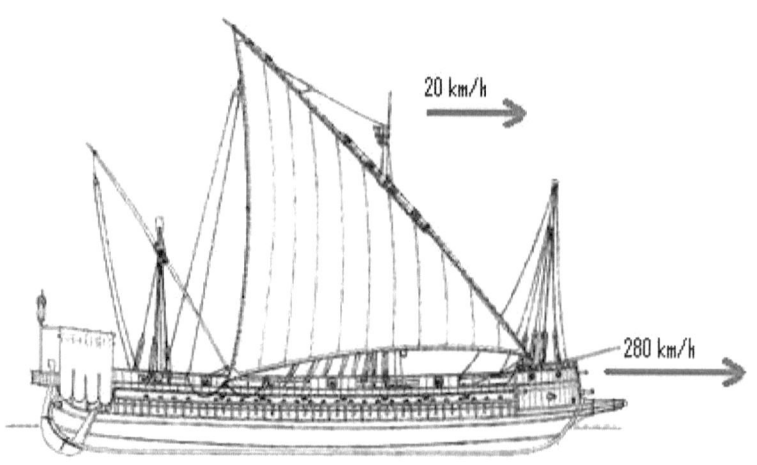

Galileo's relativity allowed to generalize the mechanistic vision

Se la palla di cannone viene sparata nella direzione opposta al movimento della nave, la velocità risultante sarà 260 km/h, 280 km/h della velocità della palla di cannone meno 20 km/h della velocità della barca (le velocità vengono sottratte perché si muovono in direzioni opposte).

Al contrario, per un marinaio sulla nave che condivide lo stesso movimento della nave, la palla di cannone si sposta sempre a 280 km/h in qualsiasi direzione in cui viene lanciata. Pertanto, se un osservatore in riva al mare vede la palla di cannone muoversi a 300 km/h e la barca nella stessa direzione a 20 km/h, può concludere che la palla è stata sparata a 280 km/h.

La relatività di Galileo afferma che quando si passa ad un altro sistema inerziale, le velocità vengono sommate o sottratte in base alla velocità relativa. Nella relatività di Galileo, le velocità sono relative al sistema inerziale, mentre il tempo scorre in modo assoluto per tutti i sistemi. La relatività di Galileo ha fornito il modo per generalizzare le leggi della meccanica. La fisica classica si basa sulla relatività di Galileo.

Nel 1886 due fisici americani, Michelson e Morley, condussero esperimenti che dimostrano che la relatività di Galileo non si applica quando si tratta della velocità della luce. Scoprirono che la velocità della luce non si somma alla velocità del corpo che la emette.

Immaginiamo ora, dopo 500 anni, un astronauta su una nave spaziale molto veloce diretta verso la Terra a 20.000 km/s che spara un raggio di luce laser verso la Terra (a 300.000 km/s). Un osservatore sulla Terra non vedrà la luce del laser muoversi a 320.000 km/s, come previsto dalla relatività di Galileo, ma lo vedrà muoversi a 300.000 km/s (perché la velocità della luce è una costante). Secondo la relatività di Galileo, l'osservatore sulla Terra si aspetterebbe che l'astronauta sulla nave spaziale veda il raggio di luce muoversi a 280.000 km/s (300.000 km/s della velocità della luce meno 20.000 km/s della nave spaziale) ma al contrario, anche l'astronauta sulla nave spaziale vede il raggio laser muoversi a 300.000 km/s.

Nel 1905, analizzando i risultati ottenuti da Michelson e Morley, Albert Einstein si trovò costretto a invertire la relatività di Galileo secondo cui il tempo è assoluto e la velocità è relativa. Per descrivere il fatto che la velocità della luce è costante, fu necessario accettare che il tempo è relativo. Quando ci muoviamo nella direzione della luce, il nostro tempo rallenta, e per noi la luce continua a muoversi alla stessa velocità. Ciò porta alla conclusione che avvicinandoci alla velocità della luce il tempo rallenta per poi fermarsi, e se potessimo muoverci a velocità superiori a quella della luce, il tempo si invertirebbe.

In altre parole, gli eventi che accadono nella direzione in cui ci stiamo muovendo diventano più veloci, perché il tempo rallenta, ma gli eventi che accadono nella direzione da cui ci stiamo allontanando diventano più lenti, perché il tempo diventa più veloce.

Per spiegare questa situazione, Einstein amava usare l'esempio di un fulmine che colpisce una ferrovia contemporaneamente in due punti diversi, A e B, molto distanti l'uno dall'altro.[14]

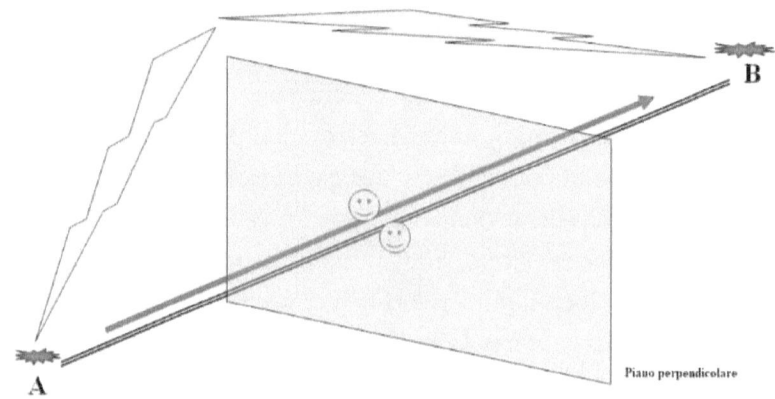

Due osservatori che condividono lo stesso punto di spazio nello stesso momento, non possono essere d'accordo sugli eventi che stanno accadendo nella direzione in cui si muove il secondo osservatore.

Un osservatore seduto su una panchina a metà strada vedrà il fulmine colpire i due punti contemporaneamente, ma un secondo osservatore su un treno molto veloce che va da A verso B, passando accanto al primo osservatore nel momento in cui il fulmine colpisce i due punti avrà già sperimentato il fulmine del punto B, ma non il fulmine del punto A.

Anche se i due osservatori condividono lo stesso punto nello spazio, nello stesso momento, non possono essere d'accordo sugli eventi che stanno accadendo nella direzione in cui si muove il secondo

---

[14] Einstein A. (1916) Relatività, esposizione divulgativa, Universale Bollati Boringhieri, Torino 1967.

osservatore.

Accettare l'esistenza di eventi contemporanei è quindi legato alla velocità con cui gli osservatori si muovono.

Il tempo scorre in modo diverso se l'evento sta accadendo nella direzione verso cui ci stiamo muovendo, o nella direzione da cui stiamo arrivando.

Questo esempio è limitato a due osservatori; ma cosa succede quando confrontiamo più di due osservatori che si muovono in direzioni diverse ad alte velocità?

La prima coppia (una in panchina e l'altra in treno) può raggiungere un accordo solo sull'esistenza contemporanea di eventi che accadono su un piano perpendicolare al movimento del treno.

Se aggiungiamo un terzo osservatore che si muove in un'altra direzione, ma condivide lo stesso luogo e momento con gli altri due osservatori, concorderanno solo sugli eventi posti su una linea che unisce i due piani perpendicolari.

Se aggiungiamo un quarto osservatore, concorderebbero solo su un punto che unisce i tre piani perpendicolari.

Se aggiungiamo un quinto osservatore, che non condivide nemmeno lo stesso punto nello spazio, nessun accordo sarà possibile.

Se consideriamo che solo ciò che accade nello stesso momento esiste (il concetto di tempo di Newton), saremmo costretti a concludere che la realtà non esiste.

Per ristabilire un accordo tra i diversi osservatori, e in questo modo sull'esistenza della realtà, dobbiamo accettare la coesistenza di eventi che potrebbero essere futuri o passati per noi, ma contemporanei per un altro osservatore. Estendendo queste considerazioni, arriviamo alla necessaria conseguenza che il passato, il presente e il futuro coesistono.[15]

Lo stesso Einstein trovò difficile accettare questa conseguenza della Relatività Speciale poiché è intuitivo immaginare una causalità che fluisce dal passato al futuro, ma è controintuitivo immaginare la causalità che fluisce dal futuro al passato. Einstein usò il termine

---

[15] Fantappiè L. (1955a) Conferenze scelte, Di Renzo Editore, Roma 1993.

Übercausalität (supercausalità) per riferirsi a questo nuovo modello di causalità.

Einstein era ben consapevole che estendere l'attuale paradigma scientifico alla supercausalità avrebbe riaperto il conflitto tra scienza e religione. Trovò uno stratagemma per ridurre le equazioni della Relatività Speciale alla $E=mc^2$, in cui il tempo è trattato in modo classico.

Poche persone sanno che la relazione energia-massa $E=mc^2$, che di solito è attribuita ad Albert Einstein, era stata pubblicato da molti altri prima, tra cui:

1. Oliver Heaviside[16] che la pubblicò nel 1890 nel terzo volume della sua Teoria Elettromagnetica;
2. Henri Poincaré[17] che la pubblicò nel 1900;
3. Olinto De Pretto che la pubblicò nel 1903 nella rivista scientifica "Atte" e la registrò presso il "Regio Istituto di Scienze".[18]

I predecessori di Einstein si trovarono avanti a problemi quando si trattava di passare da un sistema inerziale ad un altro, poiché la quantità di moto non era presente nell'equazione. Einstein riuscì dove gli altri avevano fallito derivando la formula in modo coerente per tutti i sistemi di riferimento. Lo fece nel 1905 con la sua equazione della Relatività Speciale, che aggiunge il momento (la quantità di moto) alla $E=mc^2$:

$$E^2 = m^2c^4 + p^2c^2$$

dove E è l'energia, m la massa, p il momento e c la costante della velocità della luce

Questa equazione è conosciuta come energia-momento-massa.

---

[16] Auffray J.P., Dual origin of E=mc2:http://arxiv.org/pdf/physics/0608289.pdf
[17] Poincaré H,. Arch. néerland. sci. 2, 5, 252-278 (1900).
[18] De Pretto O., Lettere ed Arti, LXIII, II, 439-500 (1904), Reale Istituto Veneto di Scienze.

Tuttavia, poiché è quadratica, ha due soluzioni per l'energia: una positiva e una negativa.

La soluzione positiva o in avanti nel tempo descrive l'energia che diverge da una causa, ad esempio la luce che diverge da una lampadina o il calore che si diffonde da un radiatore.

Nella soluzione negativa, l'energia diverge indietro nel tempo da una causa futura. Immaginate di iniziare con una luce diffusa che si concentra in una lampadina. Questo, abbastanza comprensibilmente, era considerato inaccettabile in quanto implica la retrocausalità, il che significa che un effetto si verifica prima della sua causa.

Einstein risolse il problema assumendo che la quantità di moto è sempre uguale a zero ($p=0$), in quanto la velocità dei corpi fisici è estremamente piccola rispetto alla velocità della luce. E così l'equazione energia-momento-massa si semplificava nella famosa $E=mc^2$, che ha sempre una soluzione, positiva.

Ma nel 1924 Wolfgang Pauli (fisico austriaco, premio Nobel 1935) scoprì che gli elettroni hanno uno spin, una rotazione prossima alla velocità della luce.

Poco dopo il fisico svedese Oskar Klein e il fisico tedesco Walter Gordon proposero l'equazione nota oggi come equazione di Klein-Gordon, che descrivere le particelle quantistiche nel quadro della relatività di Einstein. Questa equazione utilizzava la energia-momento-massa della Relatività Speciale con la sua scomoda duplice soluzione e aveva due soluzioni: una in avanti nel tempo (onde ritardate) e una a ritroso (onde anticipate). Ma poiché la soluzione a tempo negativo era considerata inaccettabile, venne respinta.

Werner Heisenberg (fisico tedesco, premio Nobel 1932) scrisse a Wolfgang Pauli: *"Considero la soluzione a tempo negativo ... come spazzatura che nessuno può prendere sul serio"*[19] e nel 1926 Erwin Schrödinger (fisico austriaco, Premio Nobel 1933) rimosse l'equazione di Einstein dall'equazione di Klein-Gordon e suggerì di trattare il tempo in modo classico, che scorre solo in avanti.

Mentre l'equazione di Klein-Gordon spiegava la dualità

---

[19] Heisenberg W. (1928), Letter to W. Pauli, PC, May 3, 1928, 1: 443.

onda/particella, come espressione della duplice causalità (causalità in avanti e indietro nel tempo), l'equazione di Schrödinger non era in grado di spiegare questa dualità. Di conseguenza, nel 1927 Niels Bohr (fisico danese, Premio Nobel 1922) e Werner Heisenberg si incontrarono a Copenaghen e suggerirono un'interpretazione della meccanica quantistica in cui la materia si propaga come onde che collassano in particelle quando vengono osservate. Questa interpretazione, in cui l'atto di osservazione crea la realtà, implica l'idea che gli uomini sono dotati di poteri di creazione simili a quelli di Dio e che la coscienza precede la formazione della realtà. Quando Schrödinger scoprì come Heisenberg e Bohr avevano usato la sua equazione, con implicazioni ideologiche e politiche, commentò: *"Non mi piace e mi dispiace aver avuto a che fare con questo"*.

Nel 1928 Paul Dirac (fisico teorico inglese Nobel per la fisica nel 1933 con Erwin Schrödinger) usò l'equazione energia-momento-massa per descrivere gli elettroni. Si trovò così avanti alla duplice soluzione: elettroni (e^-) e neg-elettroni (e^+ è l'anti-particella dell'elettrone). La reazione di Heisenberg fu di indignazione, poiché riteneva la soluzione a tempo negativo un abominio e nel 1934 sostituì le parti dell'equazione che si riferiscono all'energia a tempo negativo, con un operatore che crea un numero illimitato di coppie "virtuali" di elettroni-positroni, senza alcun input di energia.

Nel 1934 Heisenberg scelse questa via di fuga e, da allora, i fisici ignorano le soluzioni a tempo negativo delle due equazioni più usate e rispettate nella fisica moderna: l'equazione energia-momento-massa della relatività speciale e l'equazione dell'elettrone di Dirac.

- *L'alba della scienza non dualistica*

Il rifiuto della soluzione a tempo negativo ha reso incompatibili le due teorie su cui si poggia tutta la fisica moderna: la relatività e la meccanica quantistica. Quando vengono combinate assieme emerge un mondo supercausale fatto di causalità e retrocausalità che giocano costantemente assieme.

Negli anni '30 il dibattito scientifico tra relatività speciale e meccanica quantistica fu avvelenato dalla politica.

Nell'aprile del 1933 Einstein venne a sapere che il nuovo governo tedesco aveva approvato una legge che escludeva gli ebrei da qualsiasi posizione ufficiale, compreso l'insegnamento nelle università. Un mese dopo ci fu l'incendio dei libri, dove le opere di Einstein furono tra quelle bruciate, e il ministro della propaganda nazista Joseph Goebbels proclamò: "*L'intellettualismo ebraico è morto.*" Il nome di Einstein era nella lista di coloro che dovevano essere assassinati. Venne messa una taglia di $5,000 sulla sua testa. Una rivista tedesca lo includeva tra i nemici del regime tedesco con la frase "non ancora impiccato".

Le opere di Einstein vennero bruciate, fu saccheggiata la sua villa a Berlino e furono sequestrati i suoi mobili, libri, il conto in banca e persino il suo violino. Le convinzioni ideologiche di Hitler sulla scienza ebraica avevano ricevuto il sostegno dal libro "*Cento autori contro Einstein*".[20] La teoria della relatività fu stigmatizzata come scienza ebraica, delirio di un ebreo pazzo, mentre l'interpretazione di Copenaghen di Bohr e Heisenberg veniva esaltata.

Tuttavia, diversi scienziati continuavano a lavorare sull'idea di espandere la causalità alla retrocausalità.

Nel 1941, mentre lavorava all'operatore di D'Alembert, che combina la relatività speciale con la meccanica quantistica, il matematico Luigi Fantappiè[21] si rese conto che la soluzione a tempo positivo (cioè le onde ritardate) descrive energia e materia che divergono e tendono verso una distribuzione omogenea.

Ad esempio, quando il calore si irradia da un radiatore, tende a

---

[20] Israel H., Ruckhaber E., and Weinmann R. (1931), Hundert Autoren Gegen Einstein, Voigtlander Verlag, Leipzig 1931.
[21] Luigi Fantappiè (1901-1956) era considerato uno dei più importanti matematici del secolo scorso. Si diplomò all'età di 21 anni dalla più esclusiva università italiana, "La Normale Di Pisa", con una tesi di matematica pura e divenne professore ordinario all'età di 27 anni. Durante gli anni di studio a Pisa fu compagno di stanza di Enrico Fermi. Lavorò con Heisenberg, scambiò corrispondenza con Feynman e nell'aprile del 1950 fu invitato da Oppenheimer a diventare membro dell'esclusivo Institute for Advanced Study di Princeton e collaborare con Einstein.

diffondersi omogeneamente nell'ambiente; questa è la legge dell'entropia, che è anche conosciuta come legge della morte termica o del disordine. Fantappiè mostrò che la soluzione a tempo positivo è governata dalla legge dell'entropia, mentre la soluzione a tempo negativo (cioè le onde anticipate) è governata da una legge simmetrica che Fantappiè chiamò sintropia (combinando le parole greche *syn*=convergere e *tropos*=tendenza).

La soluzione a tempo positivo descrive energia che diverge da una causa e implica che le cause siano nel passato; la soluzione a tempo negativo descrive energia e materia che convergono verso cause future (attrattori).

Le proprietà matematiche della legge della sintropia sono: concentrazione di energia e materia, aumento della differenziazione e della complessità, riduzione dell'entropia, formazione di strutture e aumento dell'ordine. Queste sono anche le principali proprietà che i biologi osservano nella vita e che non possono essere spiegate nel modo classico (in avanti nel tempo).

Questa scoperta portò Fantappiè a scrivere "*La Teoria Unitaria del Mondo Fisico e Biologico*", pubblicata per la prima volta nel 1944. Fantappiè suggerisce che viviamo in un universo supercausale, governato da causalità e retrocausalità, e che la vita è causata dal futuro.[22] La Teoria Unitaria afferma che la sintropia viene percepita sotto forma di coscienza, esperienze soggettive e qualitative, invisibili e vitali per la vita.

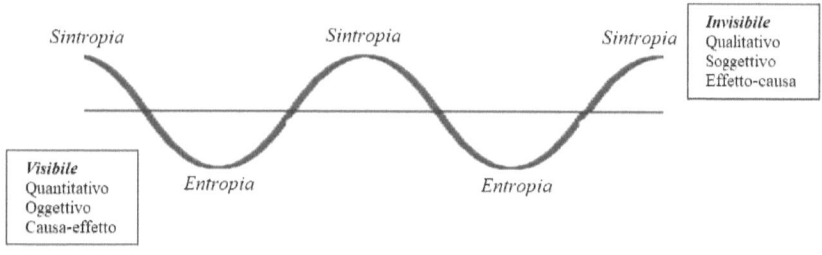

---

[22] Fantappiè L. (1942), *Sull'interpretazione dei potenziali anticipati della meccanica ondulatoria e su un principio di finalità che ne discende*, Rend. Acc. D'Italia, 1942, 4(7).

Considerazioni simili sono state formulate dal paleontologo Teilhard de Chardin che ha sottolineato la necessità di una legge simmetrica all'entropia:

> *"Ridotto alla sua essenza, il problema della vita può essere espresso come segue: una volta ammesse le due leggi principali di conservazione dell'energia e dell'entropia (a cui la fisica è limitata), come possiamo aggiungere, senza contraddizioni, una terza legge universale (che è espressa dalla biologia) ... La situazione è chiarita quando consideriamo alla base della cosmologia l'esistenza di un secondo tipo di entropia (o anti-entropia)."*[23]

Teilhard de Chardin era un paleontologo e scienziato evoluzionista e divenne famoso dopo la sua morte con la pubblicazione dei suoi libri, tra cui *Il fenomeno umano* e *Verso la convergenza*.

Teilhard non vedeva le tracce della teoria evoluzionistica di Darwin in paleontologia, poiché mancano le specie di transizione e suggerì un modello di evoluzione che amplia la scienza a un nuovo tipo di causalità che agisce in modo retroattivo dal futuro. Per Teilhard la vita è guidata da attrattori che convergono nel punto Omega.

Teilhard considerava la realtà organizzata in tre sfere concentriche principali. La sfera più interna è il fine ultimo dell'evoluzione dell'universo, in cui tutta la materia sarà trasformata in materia organica e cosciente, ed è anche la più vicina al punto Omega. La sfera esterna è la più distante dal punto Omega, il regno della materia inanimata. La sfera di mezzo è il regno della vita che non riflette ancora su se stessa, la biosfera.

Nel 1958 un decreto del Sant'Uffizio, presieduto dal cardinale Ottaviani, impose alle congregazioni religiose di ritirare le opere di Teilhard da tutte le loro biblioteche. Il decreto afferma che i libri del gesuita *"offendono la dottrina cattolica"* e allertò il clero a *"difendere gli spiriti, specialmente dei giovani, dai pericoli delle opere di padre Teilhard de Chardin e dei suoi discepoli."*

---

[23] Teilhard de Chardin P. (2008), Il fenomeno umano. Queriniana, Brescia, 2008.

L'ipotesi di un diverso tipo di causalità era stata postulata anche da Hans Driesch (1867-1941), un pioniere nella ricerca sperimentale in embriologia. Driesch suggerì l'esistenza di cause che agiscono dall'alto verso il basso (dal globale all'analitico, dal futuro al passato) e non dal basso verso l'alto, come accade con la causalità classica. Queste cause porterebbero la vita a svilupparsi e ad evolversi e coinciderebbero con lo scopo, il potenziale biologico.

Queste cause sono state chiamate da Driesch *entelechie*.[24] Entelechia è una parola greca la cui derivazione (en-telos) significa qualcosa che contiene in sé il proprio fine o scopo, e che evolve verso questo fine. Quindi, se il percorso di sviluppo normale viene interrotto, il sistema può raggiungere lo stesso fine in un altro modo. Driesch riteneva che lo sviluppo e il comportamento dei sistemi viventi fossero governati da una gerarchia di entelechie, il cui risultato è un'entelechia finale.

La dimostrazione di questo fenomeno è stata fornita da Driesch utilizzando embrioni di ricci di mare. Dividendo le cellule dell'embrione di riccio di mare dopo la prima divisione cellulare, si aspettava che ogni cellula si sviluppasse nella metà corrispondente dell'animale per cui era stata progettata o pre-programmata, ma invece scoprì che ognuna si sviluppa in un riccio di mare completo. Questo accade anche nello stadio a quattro cellule, anche se i ricci di mare completi sono più piccoli del solito. È possibile rimuovere pezzi di grandi dimensioni dalle uova, mescolare i blastomeri e interferire in molti modi senza influire sul risultato dell'embrione. Sembra che ogni singola monade nella cellula uovo originale sia in grado di formare qualsiasi parte dell'embrione completo. Al contrario, quando si uniscono due giovani embrioni, abbiamo un singolo riccio di mare e non due ricci di mare.

Questi risultati mostrano che i ricci di mare si sviluppano verso un singolo fine morfologico. Nel momento in cui agiamo su un embrione, la cellula sopravvivente continua a rispondere alla causa finale che porta alla formazione delle strutture. Sebbene più piccola, la struttura

---

[24] Driesch H. (1908), The Science and Philosophy of the Organism, www.gutenberg.org/ebooks/44388

che viene raggiunta è simile a quella che sarebbe stata ottenuta dall'embrione originale.

Ne consegue che la forma finale non è causata dal passato o da un programma, un progetto o un disegno che agisce dal passato, poiché ogni cambiamento che introduciamo nel passato porta alla formazione della stessa struttura. Anche quando una parte del sistema viene rimossa o lo sviluppo normale viene disturbato, viene raggiunta la forma finale che è sempre la stessa.

Un altro esempio è quello della rigenerazione dei tessuti. Driesch ha studiato il processo mediante il quale gli organismi sono in grado di sostituire o riparare strutture danneggiate. Le piante hanno una straordinaria gamma di capacità rigenerative, e lo stesso accade con gli animali. Ad esempio, se una planaria (un verme piatto) viene tagliato a pezzi, ogni pezzo rigenera un verme completo. Molti vertebrati hanno straordinarie capacità di rigenerazione. Se la lente dell'occhio di un tritone viene rimossa chirurgicamente, una nuova lente viene rigenerata dal bordo dell'iride, mentre nel normale sviluppo dell'embrione la lente si forma in un modo molto diverso, a partire dalla pelle. Driesch ha usato il concetto di entelechia per spiegare le proprietà di integrità e direzionalità nello sviluppo e nella rigenerazione di corpi e sistemi viventi. Driesch ha sostenuto che molti dei problemi fondamentali della biologia non possono essere risolti da un approccio in cui l'organismo è semplicemente considerato una macchina.

Driesch è stato accusato di promuovere la teleologia metafisica e il vitalismo e le sue opere sono state respinte.

Wilhelm Reich (1897-1957) fu uno psicoanalista austriaco e una delle figure più radicali nella storia della psichiatria. È stato autore di numerosi libri e saggi influenti.

Fu a New York nel 1939 che Reich affermò per la prima volta di aver scoperto una forza vitale, o energia cosmica. Dichiarò di averne visto tracce quando iniettava i topi con bioni. Nel 1940 iniziò a costruire gabbie di Faraday che riteneva avrebbero concentrato l'orgone e le chiamò accumulatori organici. Questi accumulatori vennero testati su topi con cancro e sulla crescita delle piante. Reich dimostrò che l'orgone è in grado di distruggere la crescita cancerosa, e che i tumori in tutte le parti del corpo scompaiono o diminuiscono.

Nel 1956 Reich fu condannato a due anni di prigione, e in giugno e agosto dello stesso anno oltre sei tonnellate delle sue pubblicazioni furono bruciate per ordine della corte. Uno degli esempi più notevoli di censura nella storia degli Stati Uniti. Morì in prigione per scompenso cardiaco pochi giorni prima di essere rilasciato.

Nella prefazione di Flatlandia, Abbott aggiunge:

> *"Anch'io - che sono stato in Spaziolandia, e ho avuto il privilegio di comprendere per ventiquattro ore il significato di "altezza" - anche io non posso ora comprenderlo, né rendermene conto dal senso della vista o da qualsiasi processo di ragione (...) Ho cercato di dimostrargli che era "alto", oltre che lungo e largo, anche se non lo sapeva. Ma quale fu la sua risposta? 'Tu dici che sono alto; misura la mia altezza e ti crederò.' Cosa potevo fare? Come potevo vincere la sua sfida? Ero schiacciato; e lui lasciò la stanza trionfante (...) Quindi mettiti in una posizione simile. Supponiamo che una persona della Quarta Dimensione, venisse a visitarti e dicesse: 'Ogni volta che apri gli occhi, vedi un Piano (che è di Due Dimensioni) e ne deduci un Solido (che è di Tre); ma in realtà vedi (anche se non la riconosci) una Quarta Dimensione, che non è il colore né la luminosità, né nulla del genere, ma una vera Dimensione, anche se non posso indicarti la sua direzione, né puoi forse misurarla. Cosa diresti a un simile visitatore? Non lo faresti rinchiudere?"*

Dopo la fine della seconda guerra mondiale, qualsiasi scoperta che estendeva la scienza oltre la causalità meccanica veniva censurata e ferocemente soppressa. Lo scopo della scienza non era più la conoscenza e condivisione autentiche, ma era diventato una questione di potere. Le deviazioni dal paradigma meccanicista non erano tollerate e venivano punite con una feroce censura, discredito e rimozione dalla posizione accademica o di ricerca. Una nuova era della scienza prese forma, il profitto comandava e gli scienziati e le istituzioni spesso inserivano informazioni errate nelle loro pubblicazioni, in modo che gli altri non potessero beneficiare della conoscenza dei dettagli cruciali del loro lavoro che veniva mantenuto segreto.[25]

La condivisione delle informazioni è diventata una rarità[26], e la frode e la disonestà la norma.

L'assoluta necessità di flussi ininterrotti di finanziamento ha generato una pressione enorme ad assumere solo i progetti che garantiscono la pubblicazione, su riviste scientifiche di spicco e ben curate. Gli editori di riviste scientifiche di lusso hanno iniziato a costruire bolle informative e mode, dove i ricercatori possono pubblicare le affermazioni volute da queste riviste, scoraggiando altri importanti lavori:

> *"Lavoro in un gruppo di ricerca psichiatrica e gli articoli più citati sono di genetica psichiatrica, dove la non-replicabilità dei risultati è la norma. Questi studi riescono a spiegare solo una piccola parte della varianza delle malattie mentali. Ma la ricerca sui fattori di rischio sociale (ad es. l'avversità infantile, migrazione, povertà), che sono noti per essere fattori importanti della salute mentale, è raramente finanziata dai consigli di ricerca, nonostante la sua ovvia utilità nel promuovere la salute mentale pubblica. Non trovano spazio in Nature, Science o nelle altre riviste di maggiore impatto. Esiste una correlazione negativa tra l'utilità della ricerca e la sua probabilità di apparire nelle migliori riviste."*[27]

---

[25] Hazen R.M. (1988), The Breakthrough: The Race for the Superconductor, Summit Books / Simon & Schuster.
[26] Mirowski P. (2011), Science-Mart: Privatizing American Science, Harvard University Press.
[27] www.theguardian.com/commentisfree/2013/dec/09/how-journals-nature-science-cell-damage-science

- *Probabilità o possibilità?*

Il conflitto tra relatività speciale e meccanica quantistica, che può essere ricondotto alla frase di Einstein "*Dio non gioca a dadi*" e al rifiuto dell'uso della probabilità in fisica, portò Einstein alla convinzione che è necessaria una nuova matematica.

Einstein fu accusato di essere eccessivamente determinista, tuttavia Wolfgang Pauli mostrò che Einstein non era un determinista ma un realista, con la convinzione che le forme più profonde di causalità, portate alla luce nella relatività e nella teoria quantistica, possano essere comprese solo in termini di ciò che chiamò Übercausalität, supercausalità, e che la supercausalità richiede "*un tipo di pensiero matematico completamente nuovo*".

Il problema con la matematica è dovuto al fatto che deve essere deterministica. Per garantire il determinismo, le funzioni matematiche sono "iniettive", il che significa che a ciascun valore di x può essere associato un solo valore di y. Ma le radici quadrate (che sono alla base della supercausalità) forniscono sempre due valori per y, uno positivo e uno negativo.

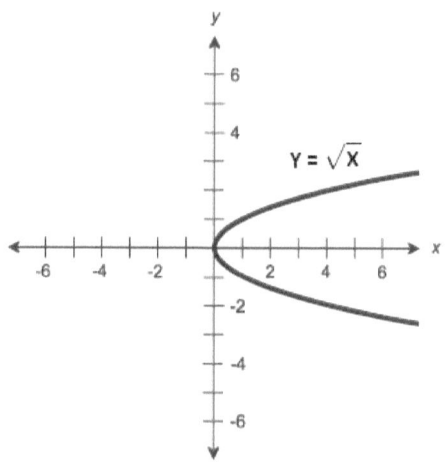

Rappresentazione grafica dei valori di radice quadrata

Ad esempio, la radice quadrata del numero 4 (nell'asse x) risulta nei valori 2 e -2 (nell'asse y). Questo rende le radici quadrate non deterministiche e non iniettive e crea un paradosso all'interno dell'approccio meccanicista, poiché ogni valore di x è associato a due valori di y.

I matematici hanno risposto a questo paradosso in modo arbitrario, considerando solo i valori positivi delle radici quadrate e facendo finta che i valori negativi non esistano.

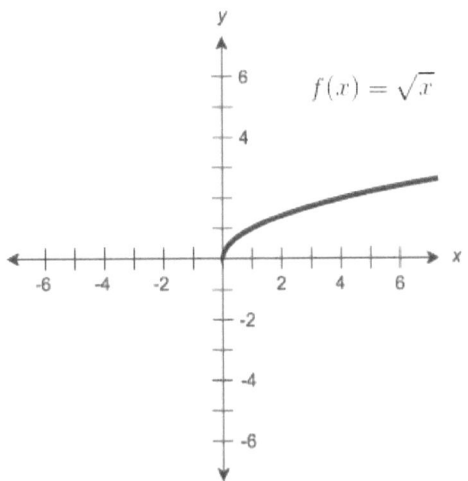

Funzione radice quadrata, i valori negativi sono arbitrariamente omessi

Inoltre, l'idea che il "*libro della natura*" è scritto in caratteri matematici e che lo scopo della scienza è quello di trovare le esatte funzioni che governano la causalità, si è rivelato sbagliato negli studi sulla vita e sulla popolazione.

Gli studi sulla popolazione hanno luogo da migliaia di anni. Il primo censimento di cui è arrivata traccia venne intrapreso circa 6.000 anni fa dai babilonesi nel 3.800 a.C. I babilonesi eseguivano censimenti ogni 6 o 7 anni, contando il numero di persone e di bestiame, la quantità di burro, miele, latte, lana e verdure. Il più antico censimento esistente in Cina ha avuto luogo durante la dinastia Han. I censimenti sono sempre stati un elemento chiave per l'amministrazione romana ed erano effettuati ogni cinque anni fornendo dati sui cittadini e sulle loro proprietà.

La parola censire deriva dalla parola latina "censere" che significa "stimare". Il libro dei numeri della Bibbia descrive il conteggio della popolazione israelita durante la fuga dall'Egitto e, naturalmente, il riferimento più noto è la nascita di Gesù che avvenne a Betlemme dove Maria e Giuseppe dovettero andare per essere enumerati. Il primo censimento in Inghilterra fu intrapreso da Guglielmo il Conquistatore nel 1086.

Gli studi sulla popolazione portarono allo sviluppo di un diverso approccio ai numeri, che nel XVIII secolo prese il nome di "statistica". Le statistiche inizialmente erano limitate alla raccolta sistematica di dati demografici ed economici, ma si sviluppò presto nello studio della causalità ed è ora ampiamente applicata nelle scienze sperimentali e nel campo dell'inferenza, che è il processo per trarre conclusioni logiche dalle premesse note o che si presume siano vero.

Le statistiche usano la probabilità e questo le rende non deterministiche e profondamente diverse dalla matematica.

Ma, gli statistici si sentono in genere inferiori ai matematici e tendono a compensare questa sensazione cercando di trasformare la statistica in una matematica complessa.

Un esempio è fornito dalle funzioni logistiche, sviluppate nel 1845 nel campo delle previsioni demografiche, dal matematico e dottore in teoria dei numeri, Pierre François Verhulst.

Verhulst è stato ispirato dal libro di Thomas Malthus "Popolazione e povertà"[28], pubblicato per la prima volta nel 1798. Malthus affermava che ogni venticinque anni la popolazione cresce secondo un rapporto geometrico (1, 2, 4, 8, 16, 32, 64, 128, 256 ...), mentre la quantità di cibo disponibile cresce secondo un rapporto aritmetico (1, 2, 3, 4, 5, 6, 7, 8, 9 ...); quindi, mentre la popolazione raddoppia, le risorse alimentari mostrano un aumento molto più modesto. Di conseguenza, la previsione di Malthus era che nell'anno 2000 la proporzione tra popolazione e risorse alimentari sarebbe stata di 4.096 e 13 e che le risorse alimentari non sarebbero state sufficienti per i bisogni della popolazione. Malthus credeva che, per fermare questa rapida crescita

---

[28] Malthus T.R. (1798), Popolazione è povertà, www.amazon.it/dp/8864732500

della popolazione, fossero necessarie carestie e malattie e che questi fossero i due principali strumenti di controllo della popolazione. La fame, le epidemie, le guerre, ma anche lo sterminio dei bambini avrebbero contribuito a controllare la popolazione, bilanciando così la popolazione e il cibo.

Le funzioni logistiche confrontano la crescita con le risorse disponibili e essenzialmente incarnano l'ideologia di Malthus. Anche se portano a risultati sistematicamente sbagliati, sono ampiamente utilizzati in campi che vanno dalle reti neurali artificiali, alla biologia, alla demografia, all'economia, alla psicologia, alla sociologia e alle scienze politiche. Esempi di previsioni sbagliate sono frequenti in demografia come anche in altri ambiti. Le proiezioni finanziarie logistiche sono state una delle cause principali della crisi finanziaria del 2007.

Le persone pensano alla statistica come ad una specie di matematica, ma la statistica e la matematica sono usate in campi molto diversi.

La statistica è utilizzate principalmente nelle scienze della vita, come la demografia, l'economia, la biologia, la medicina, la psicologia e la sociologia, mentre la matematica è utilizzata nelle scienze deterministiche, come l'ingegneria e la fisica.

Questa differenza suggerisce che la statistica è legate alla vita, mentre la matematica è legata alla non vita.

Questa considerazione ha portato i primi statistici a voler comprendere meglio la differenza tra organico e inorganico, al fine di comprendere la specificità della statistica e della matematica. Un esempio è stato fornito dalla facoltà di Statistica a Roma, dove si tenevano incontri regolari per studiare la differenza tra organico e inorganico. Esperti delle discipline più diverse venivano invitati a partecipare a questi incontri.

Nondimeno, un nuovo approccio sta prendendo forma. Questo approccio, denominato inizialmente cibernetica, è utilizzato nella programmazione di computer e coinvolge cicli che richiedono feedback, che attivano le scelte. È diverso dalla matematica poiché tratta i dati nella forma binaria (0/1) e non nella forma quantitativa.

Traducendo tutte le informazioni in bit di informazioni (che possono essere solo 0 o 1) si può ottenere la massima complessità, mentre usando l'approccio quantitativo sono possibili solo poche applicazioni.

Allo stesso modo, nel campo della statistica quando si traducono le informazioni nella forma dicotomica 0/1, sono possibili analisi le più complesse. Variabili qualitative e quantitative, soggettive e oggettive, possono essere tradotte nella forma 0/1, e possono essere gestite assieme nell'analisi dei dati.

Questo nuovo approccio si basa sulle scelte. Scelte tra diverse possibilità. Le scelte possono essere deterministiche, come di solito accade con i programmi per computer, o non deterministiche come accade con la statistica.

In entrambi i casi, l'idea chiave è che viviamo in un regno di possibilità che non sono governate da funzioni lineari o equazioni logistiche, ma da complesse interazioni tra sistemi e contesto.

- Il declino della scienza?

Nel 1989, l'American National Academies of Science (NAS) ha pubblicato un opuscolo dal titolo *On Being a Scientist*, nel 1995 ha aggiunto il sottotitolo *Una guida alla condotta responsabile nella ricerca*. Nello stesso periodo, il National Institutes of Health (NIH) ha istituito un Ufficio per l'Onestà della Ricerca (Office of Research Integrity)[29], che troppo spesso denuncia i ricercatori di disonestà.

Il primo di ottobre 2012, *The Guardian* ha pubblicato l'articolo "Aumentato di dieci volte il numero di ricerche scientifiche ritirate per frode. Lo studio di 2.047 articoli su PubMed trova che due terzi dei documenti sono stati censurati per cattiva condotta scientifica, non per errori."[30] Uno studio pubblicato su *Proceedings of the National Academy of*

---

[29] http://ori.hhs.gov/
[30] www.theguardian.com/science/2012/oct/01/tenfold-increase-science-paper-

Sciences (PNAS)[31] ha trovato che i rapporti di ricerca vengono ritirati principalmente a causa di frodi. Nell'editoriale del New York Times del 5 ottobre 2012 "Frode nella letteratura scientifica"[32] si sottolinea che i ricercatori competono per risorse inadeguate[33] e sono diventati cercatori di finanziamenti e a tal fine hanno continuamente bisogno di pubblicare.

Questa situazione spinge i ricercatori verso le frodi e la disonestà, che ora sono endemiche nel mondo scientifico.[34,35]

Publish or perish è una frase coniata per descrivere la pressione a pubblicare rapidamente e continuamente lavori scientifici. Pubblicare frequentemente è uno dei pochi metodi disponibili per dimostrare il talento scientifico. Pubblicazioni di successo attirano l'attenzione, sponsorizzano le istituzioni e facilitano i finanziamenti. Gli scienziati che pubblicano raramente, o che si concentrano su attività che non portano a pubblicazioni, si ritrovano fuori dai circuiti finanziari. È ormai ampiamente riconosciuto che la pressione a pubblicare è una delle cause principali della scarsa ricerca e della frode nella scienza.

La frode scientifica viene solitamente perpetrata utilizzando il metodo sperimentale. Al momento dell'analisi dei dati, l'uso di modelli matematici complessi consente una facile manipolazione dei risultati e l'eliminazione di unità con valori anomali.[36]

---

retracted-fraud
[31] www.pnas.org/content/109/42/17028
[32] www.nytimes.com/2012/10/06/opinion/fraud-in-the-scientific-literature.html?_r=0
[33] Freeland Judson H. (2004), The Great Betrayal: Fraud In Science; Etchells P. and Gage S. (2012), Scientific fraud is rife: it's time to stand up for good science. The way we fund and publish science encourages fraud, The Guardian, 2 November 2012.
[34] Broad W. and Wade N. (1982), Betrayers of the Truth: Fraud and Deceit in the Halls of Science, Simon & Schuster, 1982.
[35] Bauer H. (2014), The Science Bubble, EdgeScience #17, February 2014, http://www.scientificexploration.org/edgescience/
[36] Nella statistica, un valore anomalo è un'osservazione che è distante dalle altre osservazioni. Un valore anomalo può essere dovuto alla variabilità nella misurazione o può indicare un errore sperimentale. Di conseguenza, è comunemente accettato che i ricercatori possano liberamente includere o escludere valori anomali dall'insieme di dati, modificando in questo modo l'esito dei risultati.

Il metodo sperimentale fornisce un percorso che, partendo da gruppi simili, introduce un trattamento e attribuisce le differenze (effetti) al trattamento (causa). Questa metodologia si basa sullo studio delle differenze. Ma le differenze possono essere manipolate mantenendo o rimuovendo valori anomali.

Un coro diffuso di scienziati chiede il passaggio ad un nuovo modo di fare scienza, che comprenda informazioni qualitative e quantitative, oggettive e soggettive, e tenga conto del contesto e della complessità.

Nel capitolo che segue viene descritto un altro percorso nello studio della causalità. Questo percorso si basa sulla metodologia delle variazioni concomitanti, che invece di studiare le differenze tra gruppi studia le concomitanze tra variabili.

3

METODOLOGIA

Quando viene applicato alla vita, il metodo sperimentale mostra limitazioni degne di nota. Può infatti studiare solo relazioni di causa ed effetto e ha bisogno di dati quantitativi. Il confronto tra gruppi si effettua utilizzando valori medi o varianze, cioè tecniche che richiedono dati che possano essere sommati. Questi requisiti hanno limitato la scienza ad un approccio meccanicista, secondo il quale un sistema complesso non è altro che la somma delle sue parti.

È diffusa la convinzione che la scienza coincida con il metodo sperimentale e questa convinzione ha escluso dalla scienza tutto ciò che è qualitativo e soggettivo.

Le seguenti parole di Francesco Severi[37] descrivono bene questa situazione:

> *"Riguardo al problema del finalismo, sono molto imbarazzato nell'esprimere un'opinione su ciò che qualcuno molto vicino a me chiama la scoperta del finalismo scientifico. La scienza cessa di essere scienza quando i suoi risultati non esprimono risultati causali. È possibile parlare di finalità nella scienza, ma solo in senso metafisico, senza pretesa di dimostrare nulla di positivo in proposito. Questo perché: 1) non è possibile dedurre ipotesi dal fatto che la vita è soggetta a cause finali, 2) la pura logica non può essere usata come una dimostrazione scientifica, 3) la finalità non può essere dimostrata usando il metodo sperimentale, perché nessun esperimento può essere stabilito, senza agire sulle cause prima degli effetti. Il finalismo, in breve, è a mio parere un atto di fede, non un atto di scienza."*

---

[37] Francesco Severi fu il fondatore dell'Istituto Nazionale di Matematica Superiore di Roma.

Nel 1843, John Stuart Mill descrisse la metodologia delle variazioni concomitanti:

> *"Qualunque fenomeno vari in qualsiasi modo ogni qualvolta un altro fenomeno vari in qualche modo particolare, è o una causa o un effetto di quel fenomeno, o è collegato ad esso attraverso qualche fatto di causalità."*[38]

Questo capitolo è diviso in:

- una descrizione del metodo sperimentale;
- una descrizione della metodologia delle variazioni concomitanti;
- tre esempi.

- Il metodo sperimentale

Il metodo sperimentale si basa sulla metodologia delle differenze, che John Stuart Mill descrive nel modo seguente:

> *"Se un'istanza in cui si verifica il fenomeno in esame e un'istanza in cui non si verifica, hanno in comune tutte le circostanze tranne una, la circostanza in cui solo le due istanze differiscono, è l'effetto, o la causa, o una parte indispensabile della causa, del fenomeno."*

La metodologia delle differenze funziona nel modo seguente:

- si formano due gruppi simili (gruppo sperimentale e di controllo).
- Il trattamento (la causa) è dato solo al gruppo sperimentale e tutte le altre condizioni sono mantenute uguali, in modo che il gruppo di controllo differisca dal gruppo sperimentale solo per il trattamento.

---

[38] Mill J.S. (1843), A System of Logic, University of Toronto Press, 1843.

- Di conseguenza, qualsiasi differenza venga osservata tra il gruppo sperimentale e il gruppo di controllo può essere attribuita unicamente al trattamento, poiché solo questa condizione è variata tra i due gruppi.

Per avere gruppi simili si usa la randomizzazione. Questa dovrebbe distribuire in modo uniforme le variabili intervenienti. Ma, in generale, non vengono eseguiti controlli per verificare se la condizione di similarità è soddisfatta e spesso i gruppi differiscono sin dall'inizio dell'esperimento. Una singola persona con valori estremi può produrre differenze che non sono dovute alla causa (cioè il trattamento), ma sono dovute alla dissomiglianza iniziale dei gruppi di controllo e sperimentale.

Ad esempio, per testare l'effetto di un farmaco la procedura sperimentale è la seguente:

- Si assegnano i soggetti in modo casuale ai gruppi sperimentale e di controllo.
- Il farmaco viene somministrato solo al gruppo sperimentale, mentre tutto il resto è tenuto uguale. Il gruppo di controllo riceve un placebo, una sostanza simile al farmaco ma che non ha alcun effetto.
- Le differenze osservate tra i due gruppi possono essere attribuite esclusivamente all'effetto del farmaco.

Le differenze tra i due gruppi vengono attribuite all'effetto del farmaco/trattamento che è la causa.

Perché ciò funzioni sono necessarie le seguenti condizioni:

- *Additività degli effetti.* Per studiare le differenze tra i gruppi è necessario che gli effetti possano essere sommati. Per esempio, se un farmaco aumenta in alcuni soggetti i tempi di reazione, mentre in altri soggetti li riduce, quando si sommano questi effetti opposti

si ottiene un effetto nullo. L'effetto esiste, ma è invisibile alla metodologia delle differenze.
- *Dati quantitativi.* Le differenze possono essere calcolate solo quando si utilizzano dati quantitativi, cioè dati che possono essere sommati. Per questo motivo, gli esperimenti vengono condotti utilizzando misure di laboratorio. Al contrario, i dati qualitativi non possono essere sommati e non possono perciò essere usati per il calcolo delle differenze.
- *Condizioni controllate.* Tutte le possibili fonti di variabilità devono essere controllate. È importante che nulla, oltre al trattamento, possa causare la diversità tra i gruppi. Per questo motivo è necessario un ambiente controllato, che permetta di mantenere tutte le possibili fonti di variabilità uguali e in cui ogni soggetto è trattato esattamente allo stesso modo. Gli ambienti controllati si ottengono in laboratori, realtà molto diverse dal contesto naturale. La necessità di condizioni controllate esclude dallo studio il contesto e limita il metodo sperimentale a singole relazioni di causa ed effetto, distaccate dal contesto e dalla complessità.
- *Analiticità.* È possibile studiare le differenze considerando solo una causa alla volta, un trattamento alla volta o al più pochi trattamenti quando si studia la loro interazione.
- *Gruppi simili.* Quando il campione è piccolo (meno di 300 soggetti), la randomizzazione non garantisce la formazione di gruppi simili e le differenze tra i due gruppi possono non dipendere dal trattamento, ma dalla diversità iniziale dei gruppi.

Errori comuni:

- *Valori estremi.* Le differenze possono essere causate da singoli valori estremi. Solo un valore estremo può portare a risultati statistici significativi e a vedere effetti che non esistono. Spesso i valori estremi vengono mantenuti o rimossi per manipolare i risultati.
- *Trasformazione dei dati.* La trasformazione dei dati si riferisce

all'applicazione di una funzione matematica deterministica a ciascun punto di un insieme di dati sostituendolo con il valore trasformato. Un esempio sono le trasformazioni logaritmiche. In teoria, qualsiasi funzione matematica può essere utilizzata per trasformare l'insieme di dati. Operando in questo modo, è spesso possibile ottenere differenze tra i gruppi, quando non ci sono effetti.
- *Invisibilità dell'effetto.* Quando l'effetto si manifesta in direzioni opposte, le differenze non possono essere valutate e l'effetto diventa invisibile.

Da un punto di vista statistico, la metodologia delle differenze richiede tecniche statistiche parametriche, come la *t di Student* e l'*analisi della varianza* (ANOVA) che confrontano i valori di media e varianza.

Queste tecniche richiedono che gli effetti siano additivi, i dati quantitativi e distribuiti secondo una gaussiana, e i gruppi inizialmente simili appartengano alla stessa popolazione.

Ma queste condizioni non vengono soddisfatte dalle scienze della vita e l'uso delle tecniche parametriche produce così risultati incoerenti e instabili. Tuttavia l'ANOVA è richiesta da tutte le riviste scientifiche e solo i risultati ottenuti utilizzando l'ANOVA vengono pubblicati.

Non sorprende quindi che uno studio pubblicato sul JAMA (Journal of American Medical Association), che ha considerato i risultati prodotti utilizzando l'ANOVA e pubblicati nel periodo dal 1990 al 2003 nelle 3 principali riviste scientifiche e citati a almeno mille volte, ha rilevato che una volta su tre questi risultati vengono confutati da altri lavori sperimentali. Questa scoperta solleva seri dubbi sul metodo delle differenze.[39]

Nel maggio 2011 Arrosmith ha pubblicato sulla rivista Nature[40] uno studio che mostra come la capacità di riprodurre i risultati dalla fase 1

---

[39] Ioannidis J.P.A. (2005), Contradicted and Initially Stronger Effects in Highly Cited Clinical Research, JAMA 2005; 294: 218-228.
[40] Arrosmith J. (2011), Trial watch: Phase II failures: 2008-2010, Nature, May 2011, 328-329.

alla fase 2 sia diminuita nel periodo 2008-2010 dal 28% al 18%, nonostante i risultati fossero statisticamente significativi nella fase 1.[41]

Gautam Naik nell'articolo *"Scientists' Elusive Goal: Reproducing Study Results"* pubblicato sul Wall Street Journal il 2 dicembre 2011 sottolinea che uno dei segreti della ricerca medica è che la maggior parte dei risultati, inclusi quelli pubblicati nelle principali riviste scientifiche , non sono riproducibili.

La riproducibilità dei risultati è alla base della scienza e quando i risultati non sono riproducibili le conseguenze possono essere devastanti per l'industria biomedica, che solo negli Stati Uniti investe ogni anno più di 100 miliardi di dollari nella ricerca. Naik nota che i ricercatori, in particolare nelle università, devono produrre risultati statisticamente significativi per poter pubblicare e ricevere finanziamenti.

Nell'articolo del 23 dicembre 2010 intitolato *"The Truth Wears Off"*, pubblicato su The New Yorker, Jonah Lehrer scrive di un incontro di neuroscienziati, tenutosi a Bruxelles il 18 settembre 2007, e in cui la diminuzione dell'effetto della seconda generazione dei farmaci antipsicotici è stato discusso. Durante questa conferenza è stato suggerito che il declino dell'effetto dei farmaci, come l'Abilify, il Zyprexa e il Serequel, è dovuto al fatto che l'ambiente si sta abituando ai loro effetti, in modo simile a quanto accade con gli antibiotici. L'uso di antibiotici porta a selezionare e migliorare i microrganismi che diventano così immuni e "abituati" all'antibiotico. Tuttavia, il tentativo di estendere questa spiegazione ai farmaci antipsicotici è incoerente in quanto è noto che non ci sono microrganismi che causano la schizofrenia.

Nell'articolo del 3 gennaio 2011 intitolato *"More Thoughts on the Decline Effect"*, Jonah Lehrer risponde alle lettere dei lettori e osserva che la riduzione dell'effetto si verifica in biologia, medicina e psicologia (cioè nelle scienze della vita).

---

[41] phase 1 indicates studies conducted on small groups, generally not exceeding 100 subjects, whereas phase 2 indicates studies conducted on larger groups, usually not exceeding 300 subjects

Lehrer cita un passaggio di una lettera di un professore universitario, ora impiegato in un'industria biotecnologica:

"Quando lavoravo in un laboratorio universitario, trovavamo tutti i modi per ottenere un risultato significativo. Modificavo la dimensione del campione, eliminando le cavie con valori anomali o gestite in modo errato, ecc. Ciò non era considerato una cattiva condotta. Era solo il modo in cui erano fatte le cose. Naturalmente, una volta che questi animali erano rimossi [dai dati] l'effetto diventava significativo ed era pubblicabile."

Lehrer continua:

"Naturalmente, una volta che la ricerca di base entra nelle sperimentazioni cliniche, i massicci finanziamenti portano spesso a deformare i dati, a sopprimere i risultati negativi e all'interpretazione errata di quelli positivi. Ciò aiuta a spiegare, almeno in parte, perché una così grande percentuale di risultati di studi clinici randomizzati non può essere replicata."

- *Dogmi sperimentali*

Nell'articolo *"Challenging Dogma in Neuropsychology and Related Disciplines"*[42] Prigatano si sofferma sul concetto di "dogma scientifico".
Un dogma è una credenza imposta da un'autorità e ritenuta vera anche se non supportata da alcuna prova empirica. I dogmi sono tipici delle religioni, tuttavia possono essere trovati anche nella scienza.

Quando la verità è imposta da un'autorità, il rischio dogmi è alto.

Nell'ambito della ricerca scientifica Prigatano sottolinea i seguenti dogmi:

— la legge di causa-effetto secondo la quale le cause devono sempre precedere i loro effetti;

---

[42] Prigatano G.P. (2003), Challenging dogma in neuropsychology and related disciplines, Archives of Clinical Neuropsychology, 2003, 18: 811-825.

- la convinzione che la conoscenza scientifica possa essere prodotta solo utilizzando il metodo sperimentale.

Prigatano inizia il suo articolo sfidando una delle certezze della neuropsicologia, ovvero il fatto che studi sperimentali che usano gruppi randomizzati forniscano la prova più convincente dell'efficacia del trattamento.

Prigatano ritiene che la pratica di concentrarsi quasi esclusivamente sugli aspetti metodologici che rendono uno studio "sperimentale" (e quindi scientifico) trascurando, tuttavia, un'attenta osservazione clinica e la comprensione del fenomeno, sta portando alla produzione di studi di scarso valore teorico e pratico.

Al contrario, le scoperte di grandi scienziati come John Hughlings-Jackson e Luria erano basate su attente osservazioni cliniche e su notevoli capacità intuitive che portarono alle famose scoperte sulla relazione tra cervello e comportamento, oggi confermate dalle moderne tecniche di neuroimmagine.

Prigatano afferma che, per produrre conoscenze scientifiche utili nella riabilitazione, il lavoro deve essere basato su osservazioni cliniche di qualità e non solo su studi randomizzati.

Gli studi sperimentali randomizzati consentono di considerare solo un piccolo numero di variabili, mentre le osservazioni cliniche di qualità, sebbene limitate a pochi soggetti, consentono di tenere traccia della complessità. In questo modo, l'osservazione clinica dei pazienti, che hanno ottenuto benefici dai programmi di riabilitazione rispetto a quelli che non migliorano, è secondo Prigatano, il metodo più importante per il progresso della conoscenza in questo settore.

Prigatano osserva una polarizzazione:

- da un lato l'uso dogmatico del metodo sperimentale quantitativo che Prigatano chiama *scientismo*;
- d'altra parte l'uso dell'approccio clinico qualitativo, che porta a risultati di grande importanza teorica e pratica, ma che sono

attualmente rifiutati come non scientifici e non vengono pubblicati.

L'osservazione attenta e qualitativa del fenomeno in esame è, naturalmente, il primo passo di ogni scoperta scientifica, come è stato dimostrato dai padri del metodo sperimentale: Galileo, Bacone e Newton.
Tuttavia, allo stesso tempo, è necessario che le osservazioni siano controllabili e ripetibili, utilizzando metodi statistici o matematici efficaci in grado di tenere traccia della complessità dei fenomeni.
Nonostante la grande importanza e utilità del metodo sperimentale, questo metodo presenta delle limitazioni che è importante conoscere per scegliere, quando necessario, altri metodi scientifici.
È importante ricordare che questa metodologia consente di studiare solo poche cause alla volta e richiede dati oggettivi e quantitativi.
Per questo motivo, è impossibile utilizzare il metodo sperimentale quando le informazioni possono essere raccolte solo in modo qualitativo e soggettivo e quando l'interesse è per la complessità e il ruolo del contesto.

Prigatano afferma che:

"A causa delle credenze scientifiche imposte dalle autorità come autentiche, viene creata un'ortodossia che supporta solo alcune conclusioni scientifiche, anche se queste non sono confermate alla fine o sono successivamente contraddette da fatti empirici."

L'approccio sperimentale della neuropsicologia e della psicologia cognitiva ha diffuso la convinzione che la ricerca qualitativa e soggettiva non sia di interesse per la psicologia.

Prigatano sottolinea che:

- L'idea che il materiale che emerge durante le psicoterapie dei pazienti con disfunzione cerebrale non sia di alcun interesse per la neuropsicologia è un dogma. Questo dogma deriva dal fatto che il metodo sperimentale richiede dati quantitativi e di conseguenza rifiuta informazioni qualitative e soggettive, come è il caso del materiale che potrebbe emergere dalle sessioni di psicoterapia.

- L'idea che, a causa della loro natura soggettiva, i disordini dell'auto-consapevolezza non possano essere studiati scientificamente è un dogma. Prigatano mostra che, nei pazienti con trauma cranico, la presenza di anosognosia, cioè l'inconsapevolezza dei pazienti dei loro deficit cognitivi e comportamentali, è rilevata nel test di Halstead dal lento battere il dito. Nei pazienti con danno cerebrale traumatico e anosognosia, mostrano la non attivazione della corteccia associativa. Questo dato oggettivo, il tamburellare del dito, può essere usato per lo studio scientifico dell'autoconsapevolezza che è un aspetto soggettivo e qualitativo.

- L'idea che lo studio della lateralizzazione delle funzioni cerebrali sia l'aspetto più importante per il progresso della scienza neuropsicologica è un altro dogma. Il cervello è un sistema integrato e, soprattutto nelle attività quotidiane, è sempre accompagnato da attivazioni bilaterali. Ad esempio, anche considerando il linguaggio, che è probabilmente la funzione più lateralizzata, è stato dimostrato negli studi PET, che il processo preparatorio del parlare implica sempre l'attivazione bilaterale del cervello.

- L'idea che la psicoterapia sia inefficace con persone che hanno danni cerebrali e l'ipotesi che il loro comportamento disfunzionale sia causato esclusivamente da deficit che sono alla base dei circuiti neurali è anche un dogma. Questo dogma si basa sulla visione dell'uomo come macchina, un sistema di reazioni organiche e molecolari organizzate e integrate. Tuttavia, le qualità dell'essere umano vanno ben al di là di questa descrizione meccanicistica e richiedono l'integrazione di tutti gli aspetti non solo della mente e del pensiero cosciente, ma anche delle misteriose reazioni, attitudini, paure e strategie soggettive di adattamento rappresentate dall'aspetto inconscio. Soprattutto quando si tratta di disabilità, i soggetti mostrano problemi di adattamento che non derivano esclusivamente dalla disfunzione neuropsicologica sottostante, ma dalla capacità di affrontare la verità, che a volte può essere così tragica come la disabilità fisica che improvvisamente rende l'individuo incapace di svolgere attività che erano prima automatiche. I deficit neuropsicologici hanno il potere di cambiare le nostre vite, costringendoci a usare tutte le nostre energie per affrontare la nuova situazione. In molti casi è necessario un supporto psicologico che aiuti il paziente a diventare sempre più consapevole del suo problema, aumentando l'attenzione alle attività riabilitative e alla terapia farmacologica e contenendo manifestazioni comportamentali negative, come i cambiamenti di personalità che si verificano spesso, specialmente con lesioni cerebrali.

- *La metodologia delle variazioni concomitanti*

Nel 1992 i fisici del LEP (Large Electron-Positron Collider in funzione al CERN di Ginevra) non riuscivano a spiegare alcune fastidiose fluttuazioni nei fasci di elettroni e positroni. Sebbene molto piccole, queste fluttuazioni creavano seri problemi quando l'energia dei raggi deve essere misurata con grande precisione. Il metodo sperimentale non forniva alcun indizio e per risolvere il dilemma è stata utilizzata la metodologia delle variazioni concomitanti. I risultati hanno mostrato la concomitante fluttuazione nell'energia dei fasci di particelle del LEP e la forza di marea esercitata dalla Luna. Un'analisi più dettagliata ha mostrato che l'attrazione gravitazionale della Luna distorce molto leggermente la vasta distesa di terreno in cui è incassato il tunnel circolare del LEP. Questo piccolo cambiamento nelle dimensioni dell'acceleratore causava fluttuazioni di circa 10 milioni di elettronvolt nei raggi di energia.

La metodologia delle variazioni concomitanti utilizza tabelle a doppia entrata di variabili dicotomiche. Ad esempio:

Incidenti	Sesso Maschi	Femmine	Totale
No	50	105	155
Si	200	45	245
Totale	250	150	400

Concomitanze tra sesso e incidenti automobilistici
(dati inventati per questo esempio)

In questa tabella la concomitanza della variabile sesso e incidenti automobilistici è difficile da valutare, poiché i valori totali di ciascuna colonna differiscono. Quando i valori di frequenza vengono convertiti in valori percentuali di colonna, diventa facile confrontare le colonne "Maschi" e "Femmine" con quella "Totale":

Incidenti	Sesso Maschi	Femmine	Totale
No	50	105	155
	20%	70%	39%
Si	200	45	245
	80%	30%	61%
Totale	250	150	400
	100%	100%	100%

Concomitanze tra sesso e incidenti automobilistici
(percentuali delle colonne)

Vediamo una forte concomitanza tra "Maschi" e "Incidenti" (80%)

e tra "Femmine" e "Nessun incidente" (70%). Le concomitanze sono valutate in base alle differenze tra le frequenze osservate (percentuale di colonne) e le frequenze previste (percentuali nella colonna totale). Ad esempio, la percentuale prevista per "nessun incidente" è 39%, mentre nella colonna "femmine" troviamo 70%.

Dal momento che essere maschio è determinato prima che si verifichino gli incidenti automobilistici, possiamo cadere nell'errore di affermare che l'essere maschio è la causa degli incidenti automobilistici.

Tuttavia, la metodologia delle variazioni concomitanti consente di verificare la presenza di variabili intervenienti dividendo la tabella in due.

Ad esempio, possiamo dividere la tabella in base a coloro che guidano poco e coloro che guidano molto.

	Guidano poco		*Guidano molto*	
Incidenti	Maschi	Femmine	Maschi	Femmine
No	70%	70%	20%	20%
Si	30%	30%	80%	80%
Totale	100%	100%	100%	100%

Concomitanze tra sesso, km guidati e incidenti automobilistici

In questa tabella vediamo che le concomitanze tra sesso e incidenti svaniscono.

La correlazione "incidenti-maschi" è quindi mediata dal numero di chilometri percorsi, che è quindi una variabile interveniente. La relazione diventa "i maschi guidano di più e di conseguenza sono coinvolti in più incidenti".

L'incrocio di tre variabili consente di identificare variabili intervenienti e di studiare il contesto entro il quale le relazioni sono valide.

Pertanto, quando si trova una concomitanza tra farmaco e guarigione, è possibile studiare se questa relazione esiste sempre, o solo in determinate condizioni, come gruppi di età, sesso, abitudini e altre condizioni specifiche.

I vantaggi della metodologia delle variazioni concomitanti sono:

– Utilizza variabili dicotomiche. Qualsiasi informazione, quantitativa o qualitativa, oggettiva o soggettiva può essere trasformata in una o più variabili dicotomiche. Di conseguenza, consente di produrre studi che tengono traccia di tutti gli elementi dei fenomeni trattati.
– Permette lo studio di molte variabili allo stesso tempo, in tal modo può tener conto della complessità dei fenomeni. Al contrario, il metodo sperimentale può studiare solo un numero limitato di variabili alla volta, in tal modo produce una conoscenza che è distaccata dal contesto e dalla complessità dei fenomeni naturali.
– Permette di eseguire controlli per variabili intervenienti e spurie, e questo viene fatto dopo e non prima. Pertanto, non ha bisogno di ambienti controllati come un laboratorio ed è possibile effettuare studi in contesti naturali.
– Quando le variabili sono soggettive, le persone spesso rispondono usando le maschere. Ad esempio, anche quando ci sentiamo infelici, soli, depressi, di solito cerchiamo di dare un'immagine di noi stessi (una maschera) che è positiva. Con il metodo sperimentale le maschere costituiscono un problema che è insormontabile e che viene risolto solo rimuovendo le variabili qualitative e soggettive dalle analisi. Al contrario, la metodologia delle variazioni concomitanti può gestire correttamente le risposte mascherate e le variabili soggettive.

Una proprietà delle maschere è che vengono utilizzate non solo su una variabile, ma su tutte quelle che esprimono il tratto che stiamo cercando di mascherare. Per esempio, se una persona risponde dicendo no a "Mi sento depresso", quando è depresso, dirà anche no a "Mi sento infelice", quando è infelice. La concomitanza tra depressione e infelicità rimane invariata, poiché entrambe le risposte si sono mosse nella stessa direzione e continuano a rimanere associate. Questo è il motivo che consente alla metodologia delle variazioni concomitanti di utilizzare domande dirette, come ad esempio: "ti senti depresso?"

Infelice	Depresso Sì	Depresso No	Totale
Sì	15	3	18
No	2	*180*	182
Totale	17	183	200

Concomitanze tra risposte mascherate

Questa tabella mostra che le due modalità, "Mi sento felice" e "Non mi sento depresso", sono concomitanti.

Quando si usano test psicologici, che producono misurazioni "oggettive" di depressione e felicità che non sono distorte dall'effetto maschera, le risposte passano dal lato positivo a quello negativo. Ma il risultato rimane invariato:

Infelice	Depresso Sì	Depresso No	Totale
Sì	*158*	10	168
No	2	30	32
Totale	160	40	200

Concomitanze ottenute quando si utilizzano informazioni "oggettive"

I risultati continuano a mostrare la concomitanza tra le variabili depressione e infelicità.

Ciò significa che se esiste una concomitanza si mostrerà anche quando le risposte sono mascherate, poiché le maschere sono applicate in modo coerente a tutte quelle variabili che sono correlate.

Il problema delle maschere è onnipresente nelle scienze

psicologiche, sociali ed economiche. La metodologia delle variazioni concomitanti risolve questo problema e consente in questo modo di ampliare la scienza a dati soggettivi e qualitativi.

- Esempio n. 1: simulazione dei progetti sperimentali con le concomitanze

Il metodo sperimentale utilizza due gruppi simili e li gestisce nello stesso identico modo tranne per un elemento, la causa. Qualsiasi differenza tra questi due gruppi viene quindi interpretata come effetto della causa che è stata inserita. Classicamente l'analisi viene eseguita confrontando i valori medi o le varianze tra i gruppi.[43]

Quando l'analisi viene eseguita seguendo la metodologia delle variazioni concomitanti, la prima cosa da fare è scegliere l'*unità statistica*. Questa scelta è strettamente legata allo scopo della ricerca. Ad esempio, se lo scopo dell'esperimento è valutare se un farmaco somministrato ai pazienti riduce la pressione sanguigna, l'unità sarà "il paziente". Raccoglieremo le informazioni utilizzando una scheda, che potrebbe contenere le seguenti informazioni:

- Numero identificativo del paziente:
- Pressione sanguigna / prima:
- Il paziente ha ricevuto: ☐ farmaco, ☐ placebo
- Pressione sanguigna / dopo:
- Differenza tra la pressione sanguigna prima e dopo
- Sesso: ☐ Maschio, ☐ Femmina
- Età
- Abitudini: ☐ …..

---

[43] L'analisi della varianza (ANOVA) è una raccolta di modelli statistici in cui la varianza osservata è suddivisa in componenti: varianza del trattamento (tra i gruppi) e dell'errore (all'interno dei gruppi). Il rapporto tra queste due varianze produce un valore, F, di cui è nota la distribuzione statistica e da cui si ottiene la significatività statistica dell'effetto.

La scheda verrà utilizzata ogni volta che somministriamo il farmaco o il placebo. Ogni somministrazione diventa una riga nel file dati. In ogni registrazione avremo misurazioni della pressione arteriosa prima e dopo il trattamento. L'ipotesi è che una riduzione della pressione arteriosa sia concomitante con la somministrazione del farmaco e non del placebo.

La metodologia delle variazioni concomitanti può gestire un numero illimitato di variabili. Ad esempio, possiamo aggiungere nella scheda sesso, età, abitudini, luogo in cui la persona vive, umore, attività fisica, ecc. I risultati potrebbero mostrare che l'effetto è associato a condizioni specifiche. Ad esempio, che il farmaco è efficace solo sulla popolazione maschile giovane, o solo su persone che non bevono alcolici o fumano, ecc.

La metodologia delle variazioni concomitanti può essere utilizzata per analizzare i dati raccolti con l'approccio sperimentale (gruppi di controllo e sperimentale) e i risultati tendono ad essere robusti (replicabili). Non è necessario escludere valori anomali in quanto non risente dei valori estremi, può gestire un numero illimitato di variabili, che tengono traccia della complessità e del contesto e consente di controllare le variabili intervenienti dopo, riducendo in questo modo la necessità dei gruppi randomizzati e del laboratorio.

Quando si lavora con la metodologia delle variazioni concomitanti la frode diventa difficile o impossibile, poiché se un risultato specifico viene manipolato, tutte le altre concomitanze diventano incoerenti.

Inoltre, non è più necessaria una situazione controllata. E' possibile prendere in considerazione nella scheda tutte le possibili variabili intervenienti ed effettuare i controlli "dopo" e non "prima" come la metodologia delle differenze cerca di fare tramite la randomizzazione e il laboratorio. In questo modo gli esperimenti si semplificano ed è possibile passare dal laboratorio al campo.

I risultati sono anche più facili da comprendere ed interpretare.

- *Esempio n. 2: bisogni immateriali*

In uno studio condotto nel 1984, finalizzato a valutare cosa possa spiegare la persistenza nella dipendenza da eroina, l'unità statistica era il tossicodipendente. Il questionario utilizzato conteneva:[44]

- *Domande chiave* che esprimono la persistenza nello stato di tossicodipendenza, come ad esempio: *"Penso che continuerò a usare droghe per sempre"* e *"Penso che la mia dipendenza dall'eroina sia irreversibile"*.
- *Domande esplicative*, relative alle ipotesi che sono state testate in questo studio.
- *Domande di struttura* some il sesso, l'età, il livello di istruzione.

Le domande esplicative sono state suggerite da esperti di diversi settori: psicoanalisti, psicologi familiari e relazionali e dalla Teoria dei bisogni vitali.

Il questionario è stato distribuito in un centro che fornisce metadone (SAT RM 5 - Roma) tra il 2 e il 13 luglio 1984. Sono stati ricevuti 60 questionari, ma solo 58 sono stati completati in tutte le loro parti e utilizzati nell'analisi dei dati. Il campione era di 48 uomini e 10 donne. L'età media era di 25 anni e il periodo medio di dipendenza 6 anni. Solo 17 avevano un diploma di scuola superiore, 23 avevano un diploma di scuola media, 17 di licenza elementare e 1 non aveva alcun titolo di studio; 26 lavoravano e 32 erano disoccupati.

L'analisi dei dati è stata effettuata calcolando le concomitanze tra ciascun elemento chiave e tutti gli altri elementi del questionario, utilizzando il test statistico del Chi quadrato.

La variabile chiave "Penso che continuerò per sempre a usare droghe" era concomitante (correlata) principalmente con: "L'eroina mi dà sensazioni di calore", "L'eroina mi dà sentimenti d'amore", "Non ho amicizie stabili" "L'eroina è la ragione della mia vita" e il maggior

---

[44] Associazione Ricerca (1984), Teoria dei bisogni vitali e tossicodipendenze, www.amazon.it/dp/B00763KDU6.

numero di anni di tossicodipendenza. Le correlazioni più forti apparivano con gli elementi suggeriti dall'ipotesi "bisogno di amore e bisogno di significato". Il più forte era con "L'eroina mi provoca vissuti di calore". La domanda "L'eroina è la ragione della mia vita" suggerisce che l'eroina soddisfa il bisogno di significato attraverso la dipendenza.

Le seguenti domande sono ordinate in base al numero e alla forza delle correlazioni ottenute con le domande chiave: "L'eroina è la ragione della mia vita", "Se ho una dose di eroina mi sento più calmo", "Mi sento innamorato dell'eroina", "L'eroina mi trasmette sensazioni di calore", "Mi piace il momento in cui sto preparando la dose", "L'eroina mi trasmette sentimenti d'amore", "Ho sempre ragione", "È importante condividere l'eroina con chi ami", "Mi sento molto in colpa per i problemi che la mia tossicodipendenza sta dando alla mia famiglia" e "Mio padre era spesso tenuto fuori da quello che stava accadendo in famiglia".

La domanda "L'eroina è la ragione della mia vita" ottiene il maggior numero di correlazioni. Ciò supporta l'ipotesi che quando la sostanza diventa la ragione di vita, soddisfa il bisogno di significato e quindi diventa vitale (sviluppando in questo modo dipendenza). Senza eroina la persona non ha uno scopo e sente la mancanza di un significato. La stessa conclusione è stata raggiunta analizzando altre correlazioni. Ad esempio, la correlazione tra lavoro e la sensazione di poter uscire dall'eroina suggerisce l'importanza che il lavoro può avere nel fornire uno scopo e ridurre così la dipendenza dalla sostanza.

Le correlazioni ottenute con le domande "Mi sento innamorato dell'eroina", "L'eroina mi trasmette sensazioni di calore", "L'eroina mi trasmette sentimenti d'amore" e "È importante condividere l'eroina con chi ami" indicano il bisogno vitale di amore L'eroina fornisce sentimenti d'amore, soddisfacendo in questo modo il bisogno vitale di amore e acquisendo così il suo potere.

- *Esempio n. 3: Insoddisfazione tra gli adolescenti*

In questa sezione sono brevemente descritti i risultati di uno studio condotto su un campione di 974 adolescenti, volto ad indagare le ragioni della loro insoddisfazione.

Tra le varie teorie e modelli sull'insoddisfazione dei giovani, la Teoria dei bisogni vitali[45] suggerisce che l'infelicità è causata dalla depressione e dall'ansia, dove la depressione informa sull'insoddisfazione del bisogno di significato e l'ansia informa sull'insoddisfazione del bisogno di coesione e amore.

Depressione e ansia, anche se diverse nelle loro eziologie, sono sempre perfettamente correlate, poiché secondo il "Teorema dell'Amore" quando aumenta la solitudine aumenta anche la depressione, e quando aumenta la depressione aumenta anche la solitudine.

La Teoria dei bisogni vitali può essere studiata solo utilizzando informazioni qualitative e soggettive e non informazioni quantitative.

Le ipotesi della teoria dei bisogni vitali sono:

— *Ipotesi numero 1*. Tra tutte le domande suggerite dalle diverse teorie, ci si aspetta che le domande che descrivono l'insoddisfazione del bisogno di amore e di significato (come: mi sento depresso, ansioso, inutile, solo) otterranno i più alti valori di concomitanza con le variabili di insoddisfazione e di infelicità.
— *Ipotesi numero 2*. Il Teorema dell'amore suggerisce che la depressione e l'ansia devono essere correlate in modo matematico quasi perfetto. Di conseguenza, la concomitanza tra mi sento depresso e mi sento ansioso/angosciato deve essere la più forte tra tutte le domande del questionario.

Per testare queste ipotesi è stato messo a punto un questionario con

---

[45] Di Corpo U. and Vannini A., The Theory of Vital Needs, Kindle Edition, www.amazon.com/dp/B006M0L0R4

domande dirette come mi sento depresso, mi sento angosciato, mi sento insoddisfatto, mi sento soddisfatto, mi sento felice, mi sento infelice, mi sento contento, mi sento scontento e domande suggerite da esperti in diversi campi della psicologia, della psichiatria e delle scienze sociali.

Il questionario è stato diviso in:

- *Domande chiave*, che trattano lo scopo di questo studio: il benessere e l'insoddisfazione dei giovani. Le domande erano: "mi sento soddisfatto", "mi sento insoddisfatto", "mi sento felice" e "mi sento infelice".
- *Domande esplicative*, che sono state formulate da vari esperti. Ad esempio, la teoria di Melanie Klein suggerisce che la sofferenza è legata a traumi vissuti durante l'infanzia; questi traumi causano il mancato ricordo dell'infanzia (questa ipotesi è stata tradotta in domande del tipo "ricordo molto poco la mia infanzia" e "ho bei ricordi della mia infanzia"). La teoria relazionale familiare suggerisce che la sofferenza è legata alle difficili relazioni tra gli adolescenti e le loro famiglie. L'approccio psicoanalitico suggeriva l'attaccamento nella relazione con i genitori. L'approccio psichiatrico suggerisce comportamenti contagiosi tra adolescenti infelici.

Il questionario conteneva 195 domande alle quali si rispondeva utilizzando punteggi da 0 a 10, dove 10 significava Sì, 0 No, 1 molto poco, 5/6 mediamente e 7/8 molto. Rispondere al questionario richiedeva meno di 40 minuti e il contesto erano le classi di una scuola superiore.

I supervisori hanno ricevuto le seguenti istruzioni: non dovete fornite spiegazioni sul significato delle domande; il questionario deve essere completato nello stesso contesto, non è permesso portarlo a casa e restituirlo il giorno dopo.

Lo scopo era quello di assicurare che la maschera rimanesse costante.

Le risposte sono state tradotte in forma dicotomica (Sì/No), utilizzando il valore mediano che tende a massimizzare le concomitanze. La metodologia delle variazioni concomitanti richiede variabili dicotomiche e utilizza tabelle 2x2 in cui la variabile in colonna e in riga hanno 2 modalità (Sì/No).

Depressione	Ansia		Totale
	Sì	No	
Sì	*463*	79	542
No	56	376	432
Totale	519	455	974

Valori assoluti

Queste tabelle sono chiamate 2x2 poiché la variabile di colonna (nell'esempio l'Ansia) ha due modalità (Sì/No) e la variabile di riga (nell'esempio la Depressione) ha due modalità (Sì/No).

Le concomitanze mostrano una differenza tra valori attesi ed osservati. Ciò accade quando le percentuali nelle colonne Sì/No differiscono dalle percentuali nella colonna totale.

Trasformando i valori assoluti in percentuali di colonna, la tabella precedente diventa.

Depressione	Ansia		Totale
	Sì	No	
Sì	*89,21%*	17,36%	55,65%
No	10,79%	*82,64%*	44,35%
Totale	100,00%	100,00%	100,00%
	(519)	(455)	(974)

Valori percentuali di colonna

Questa tabella mostra che l'89,21% dei soggetti che hanno risposto Sì a provo ansia (mi sento angosciato) ha risposto Sì a mi sento depresso, e solo il 10,79% ha risposto No.

Se non esistesse alcuna relazione tra mi sento depresso e provo ansia, gli stessi valori dovrebbero essere stati osservati tra le colonne Sì e No e la colonna dei totali.

Le percentuali nella colonna dei totali sono le percentuali attese, mentre le percentuali nelle colonne Sì e No sono le percentuali osservate. Le differenze tra percentuali osservate e attese sono valutate usando il test Chi quadrato (χ^2), che indica la forza della concomitanza.

Molti test statistici consentono di studiare le concomitanze e il test χ^2 è uno dei più usati: maggiore è il valore del χ^2 più forte è la concomitanza/relazione. Quando non esiste alcuna relazione, il valore χ^2 è uguale a 0. Nelle tabelle 2x2 il valore χ^2 più alto coincide con il numero dei soggetti del campione, in questo caso 974. Il valore χ^2 viene confrontato con le tabelle probabilistiche che consentono di valutare la significatività statistica (p).

La significatività statistica indica qual è il rischio che accettiamo quando affermiamo che la relazione esiste. Una probabilità di rischio inferiore all'1% è in genere considerata buona. Nelle tabelle 2x2 il valore dell'1% si raggiunge con un χ^2 di 6,635. Più alto è il valore del χ^2, più significativa è la relazione tra le due variabili.

Le relazioni possono essere di due tipi: dirette o inverse. Se la relazione è diretta le due variabili dicotomiche sono vere o false, mentre se la relazione è inversa una variabile è vera quando l'altra è falsa. Le relazioni inverse hanno segno negativo (-) mentre le relazioni dirette sono mostrate senza segno (segno positivo).

Poiché il valore massimo di χ^2 varia a seconda delle dimensioni del campione, è utile standardizzarlo, facendolo variare tra 0 e 1. Questa trasformazione è chiamata r-Phi e si ottiene come radice quadrata del valore di χ^2 diviso per la dimensione del campione. Quando si usano variabili quantitative i valori di r-Phi si comportano in modo simile all'indice di correlazione di Pearson.

Valori di r-Phi superiori a 0,35 identificano relazioni che sono di solito note, senza dover ricorrere alle analisi statistiche. I valori inferiori a 0,35 identificano relazioni non banali. Per studiare relazioni non banali è necessaria una dimensione del campione che superi le 100 unità.

Nello studio delle concomitanze i dati sono tradotti nella forma dicotomica (Alto/Basso, Sì/No; +/-; 0/1, Vero/Falso), usando valori di "taglio". I dati dicotomici consentono una grande flessibilità, analogamente a quanto accade con i computer digitali basati su informazioni binarie.

I vantaggi della statistica dicotomica sono innumerevoli: non richiede la distribuzione normale dei dati (gaussiana), può gestire qualsiasi tipo di dati (quantitativi e qualitativi), consente lo studio di qualsiasi tipo di relazione.

Vediamo ora i risultati.

Ipotesi numero 1. Tra tutte le domande suggerite dalle diverse teorie, ci si aspetta che le domande che descrivono l'insoddisfazione del bisogno di amore e di significato (come: mi sento depresso, angosciato, inutile e solo) otterranno i più alti valori di concomitanza con le variabili di insoddisfazione e di infelicità.

Per fornire una risposta a questa prima ipotesi, ogni variabile chiave di benessere e infelicità è stata correlata con tutte le altre variabili dicotomiche del questionario. La seguente tabella mostra i valori più alti di χ^2 ottenuti dalle variabili chiave di insoddisfazione.

Mi sento infelice	Mi sento scontento	Mi sento insoddisfatto
χ^2	χ^2	χ^2
193 Mi sento depresso	200 Mi sento depresso	181 Mi sento angosciato
182 Mi sento solo	172 Mi sento angosciato	179 Mi sento depresso
166 Mi sento inutile	133 Mi sento inutile	139 Mi sento inutile
165 Mi sento angosciato	126 Mi sento solo	99 Mi sento solo
76 Vengo spesso rifiutato dagli amici	75 In gruppo mi sento solo	54 Vengo spesso rifiutato dagli amici
46 Vengo spesso emarginato a scuola	66 Vengo spesso rifiutato dagli amici	52 In gruppo mi sento solo
39 Vengo spesso criticato	50 Vengo spesso criticato	35 Vengo spesso emarginato a scuola
35 I miei hanno problemi economici	43 Ho paura del giudizio altrui	33 Ho paura del giudizio altrui
23 Ho paura del giudizio altrui	21 I miei hanno problemi economici	18 I miei hanno problemi economici
		15 Non mi ricordo la mia infanzia
Correlazioni inverse		
-55 La mia famiglia è molto unita	-40 La mia famiglia è molto unita	-38 La mia famiglia è molto unita
-39 Mio padre è molto affettuoso	-37 Mio padre è molto affettuoso	-34 Mio padre è molto affettuoso

Come previsto dalla Teoria dei bisogni vitali le variabili che descrivono l'insoddisfazione mostrano le più forti concomitanze con mi sento depresso, mi sento angosciato, mi sento inutile e mi sento solo, seguite dal rifiuto spesso da parte di amici e dalla paura del giudizio altrui (che supporta l'idea che il giudizio altrui è una strategia utilizzata per dare un significato alla nostra esistenza).

La prima relazione con una domanda diversa da quelle suggerite dalla Teoria dei bisogni vitali è con "non mi ricordo della mia infanzia", suggerita dall'ipotesi di Melanie Klein secondo cui l'angoscia è legata a traumi vissuti nelle prime fasi della vita. Due elementi suggeriti dall'approccio sistemico-relazionale: la mia famiglia è molto unita e mio padre è molto affettuoso ottengono relazioni inverse.

Le concomitanze con le domande suggerite dalla Teoria dei bisogni vitali hanno ottenuto valori tra 100 e 200, mentre il valore χ^2 più elevato ottenuto da una teoria diversa (teoria relazionale sistemica) era di 50 e l'ipotesi di Melanie Klein ha ottenuto un valore del χ^2 di 15,49.

Nel questionario 4 domande erano destinate a studiare il rischio di abuso di droghe. Queste domande mostrano la massima concomitanza con la depressione, l'angoscia, il sentirsi inutili e soli, suggerendo che l'abuso di droghe è una strategia utilizzata per rispondere ai bisogni vitali insoddisfatti di amore e di significato.

χ^2	
78,15	Mi sento depresso
64,83	Mi sento angosciato
63,76	Mi sento inutile
55,53	Mi sento solo
34,48	In gruppo mi sento solo
34,23	Vengo spesso rifiutato dagli amici
19,75	Vengo spesso criticato
15,81	I miei hanno problemi economici

I valori χ^2 più alti ottenuti dalle domande relative al rischio di abuso di droghe

Ipotesi numero 2. Il Teorema dell'amore suggerisce che la depressione e l'ansia devono essere correlate in modo matematico quasi perfetto. Di conseguenza, la concomitanza tra mi sento depresso e mi sento ansioso/angosciato deve essere la più forte tra tutte le domande del questionario.

La correlazione più alta ottenuta da elementi diversi dalla Teoria dei bisogni vitali è stata χ^2 55.32. L'ipotesi è che "mi sento depresso" e "mi sento angosciato" debbano mostrerà correlazioni quasi perfette. Questo fatto è ben noto agli psichiatri, tuttavia nessuna teoria o modello, oltre alla Teoria dei bisogni vitali, spiega perché questa concomitanza debba esistere. Al contrario, la diversa eziologia della depressione e dell'ansia/angoscia è spesso sottolineata. Ad esempio, la depressione proviene dalla perdita, mentre l'ansia dalla paura. Ciò suggerirebbe una bassa correlazione in considerazione del fatto che le origini di queste due forme di sofferenza sono diverse. Il Teorema dell'amore mostra invece che la concomitanza tra depressione e angoscia deve essere quasi perfetta.

La tabella che segue mostra le concomitanze più elevate ottenute dalla domanda "mi sento angosciato". La prima è con "mi sento depresso", con un valore del χ^2 di 507,08.

"Mi sento angosciato" correla con:

507,08 Mi sento depresso
231,06 Mi sento inutile
204,17 Ho scarsa stima di me stesso
197,24 Mi sento solo
188,33 Non ho speranza nella vita

I valori χ^2 più alti ottenuti da "mi sento angosciato"

Considerando tutte le possibili tabelle 2x2, tra le 195 domande del questionario (195 x 194/2 = 18.915) e ordinando i valori χ^2, il valore tra "mi sento depresso" e "mi sento angosciato" (χ^2 507,08) è di gran lunga il più alto, un valore considerevolmente più alto del successivo nella graduatoria, che supporta sempre la Teoria dei bisogni vitale, ed è la relazione con "mi sento inutile".

In questo studio il valore χ^2 più alto possibile è 974 (che corrisponde al numero di soggetti/questionari), ma in ogni ricerca sociale è presente un fattore "rumore" che riduce sempre la forza delle relazioni.

Per valutare quanto sia forte il fattore rumore e quanto potrebbe ridurre i valori χ^2, nel questionario sono state introdotte delle domande identiche. Il valore massimo χ^2 ottenuto da domande identiche è stato 293,86. Di conseguenza valori superiori a 300 possono essere considerate correlazioni perfette. Il valore 507,08, ottenuto da depressione e angoscia, è quindi da considerare come una correlazione perfetta.

Il motivo per cui questi due elementi mostrano valori superiori a quelli ottenuti da forme identiche della stessa domanda può essere spiegato dal fatto che, su queste domande, le maschere tendono ad essere estremamente coerenti. Secondo la Teoria dei bisogni vitali, le persone tendono a mascherare in modo specifico il fatto di sentirsi depresse e angosciate. Nelle domande in cui la maschera è meno coerente, l'errore statistico aumenta, riducendo i valori di concomitanza tra forme identiche della stessa domanda.

È quindi possibile concludere che, tenendo conto del fattore rumore, la concomitanza tra depressione e angoscia può essere considerata perfetta. Ciò conferma l'ipotesi che queste due forme di sofferenza sono collegate tra loro in un modo matematico quasi perfetto. Il valore χ^2 di 507,08 osservato tra "mi sento depresso" e "mi sento angosciato" è la più forte tra le 18.915 possibili tabelle 2x2.

La Teoria dei bisogni vitali considera la solitudine la più alta espressione empirica dell'insoddisfazione del bisogno di amore e l'inutilità come la più alta espressione "empirica" dell'insoddisfazione del bisogno di significato. Di conseguenza, la concomitanza quasi perfetta che è stata osservata tra "mi sento depresso" e "mi sento angosciato" dovrebbe essere osservata anche tra "mi sento inutile" e "mi sento solo".

La prossima tabella mostra i primi tre valori del χ^2 ottenuti da "mi sento inutile". La più forte è con "mi sento solo", con un valore χ^2 di

317.04, che è superiore a quanto ottenuto da forme identiche della stessa domanda e che quindi può essere considerata perfetta.

"Mi sento inutile" correla con:

317,04 Mi sento solo
231,06 Mi sento angosciato
229,19 Mi sento depresso

Valori di χ^2 ottenuti dalla domanda "mi sento inutile"

Coerentemente con la Teoria dei bisogni vitali "mi sento inutile" ha forti correlazioni con "mi sento angosciato" e "mi sento depresso".

4

STATISTICA

Quando si utilizza la metodologia delle variazioni concomitanti, la prima cosa che dobbiamo fare è definire qual è l'unità statistica. Le unità statistiche consentono lo studio delle concomitanze tra variabili e la scelta dell'unità statistica è strettamente collegata allo scopo della ricerca. Le unità possono essere persone, animali, piante, manufatti, organizzazioni.

Con la metodologia delle differenze le unità sono in una corrispondenza uno-a-uno con i dati, mentre con la metodologia delle variazioni concomitanti esiste una corrispondenza uno-a-molti, poiché è possibile raccogliere una quantità illimitata di dati per ogni unità.

I requisiti del campione differiscono a seconda della metodologia e dell'obiettivo:

- Quando lo scopo è di fare inferenze sulla popolazione, il campione deve essere rappresentativo. Questo è solitamente ottenuto utilizzando un campione randomizzato.
- Quando lo scopo è studiare le differenze tra il gruppo sperimentale e quello di controllo, il campione deve essere omogeneo. Questo di solito è ottenuto con la randomizzazione, distribuendo casualmente le unità tra il gruppo sperimentale e di controllo. Ad esempio, se un esperimento mira a valutare l'effetto di un farmaco, i soggetti devono essere assegnati in modo casuale/randomizzato al gruppo sperimentale che riceverà il farmaco e al gruppo di controllo che riceverà il placebo. La

randomizzazione "dovrebbe" distribuire equamente i fattori di disturbo, quando ciò non è possibile l'alternativa sono gli animali di laboratorio, allevati appositamente per garantire l'omogeneità. Gli animali da laboratorio vengono sottoposti ad eutanasia dopo essere stati utilizzati una sola volta, poiché il coinvolgimento in un esperimento li rende diversi e inadatti a garantire l'omogeneità dei gruppi in altri esperimenti.

— Quando lo scopo è quello di studiare le variazioni concomitanti, il campione deve essere eterogeneo. Ad esempio, se lo scopo è studiare la tossicodipendenza, includeremo nel campione soggetti con diversi livelli di tossicodipendenza. La composizione del campione è strettamente correlata allo scopo. Con la metodologia delle variazioni concomitanti è importante tenere traccia di tutte le possibili variabili intervenienti.

In questo capitolo considereremo gli ultimi due tipi di campione: omogenei per lo studio delle differenze ed eterogenei per lo studio delle concomitanze.

- Campioni omogenei per lo studio delle differenze

La metodologia delle differenze calcola la significatività statistica:

— confrontando la differenza tra i valori medi dei gruppi sperimentale e di controllo con la varianza dei dati;
— confrontando la varianza tra i gruppi con la varianza all'interno dei gruppi.

La similarità iniziale tra gruppi è un requisito fondamentale, senza il quale è impossibile affermare che la differenza osservata sia un effetto della causa. La randomizzazione tende a distribuire tutte le variabili intervenienti in modo simile, rendendo così i gruppi simili.

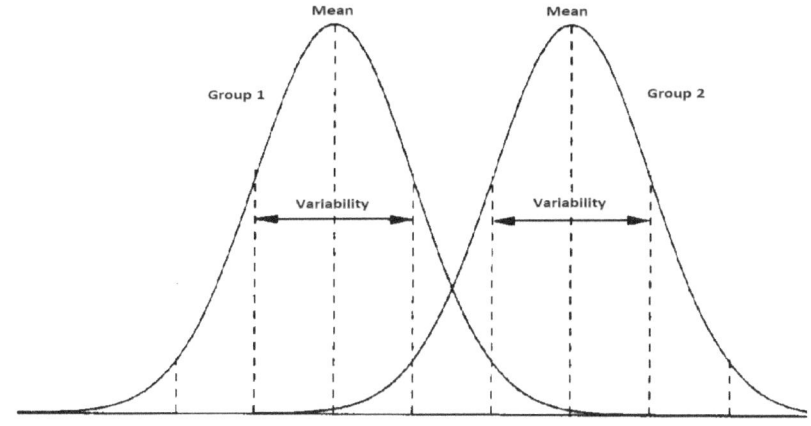

Confronto tra medie e variabilità di due gruppi

Aumentare la dimensione del campione consente a piccole differenze di diventare significative. Ma, negli studi clinici, la variabilità dei soggetti può essere così grande che persino l'aumento del campione non porta a risultati statisticamente significativi. Quando questo è il caso, si usano animali di laboratorio. Gli animali da laboratorio sono tutti molto simili e riducono la variabilità del campione, consentendo a piccole differenze di diventare statisticamente significative.

Ma, la sperimentazione animale costituisce un artefatto.[46] La ragione è molto semplice. Dato che la significatività statistica aumenta diminuendo la variabilità, quando si usano animali estremamente simili anche differenze insignificanti diventano statisticamente significative. In questo modo "effetti" che non hanno alcun valore reale diventano significativi.

Una regola del far scienza consiste nell'utilizzare campioni rappresentativi della popolazione a cui i risultati saranno generalizzati. È ovvio che gli animali da laboratorio non sono rappresentativi degli

---

[46] Nella scienza sperimentale, l'espressione 'artefatto' è usata per riferirsi a risultati sperimentali che non sono manifestazioni dei fenomeni naturali studiati, ma sono dovuti alla particolare disposizione sperimentale, e quindi indirettamente all'agire umano.

esseri umani e che gli effetti osservati con gli animali da laboratorio sono difficili da generalizzare agli esseri umani.

Infine, la metodologia delle differenze utilizza tecniche statistiche parametriche, che richiedono dati distribuiti secondo la curva gaussiana. Di solito questa condizione non è soddisfatta. Tuttavia, i ricercatori procedono nell'interpretare i risultati.

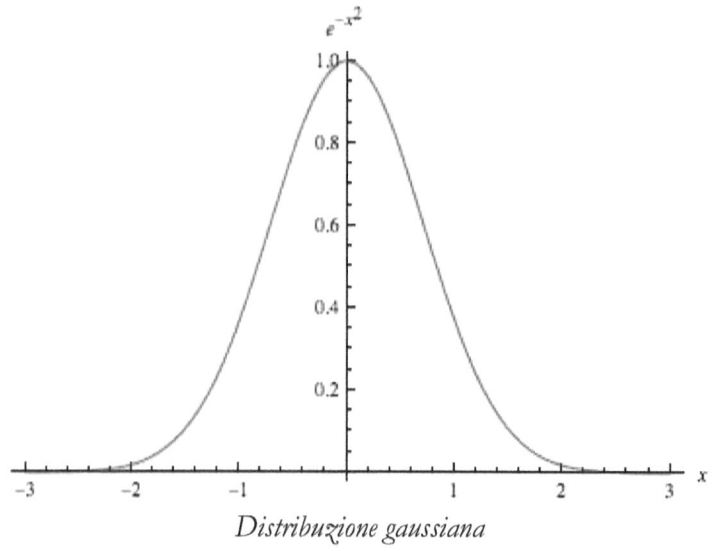

Distribuzione gaussiana

- *Campione eterogeneo per lo studio di variazioni concomitanti*

Le variazioni concomitanti richiedono variabilità, campioni eterogenei, in cui la variabilità è massimizzata. Mentre la metodologia delle differenze richiede campioni omogenei, la metodologia delle variazioni concomitanti richiede campioni eterogenei.

In uno studio che mira a confrontare la crescita di 5 diversi tipi di colture in 5 diversi tipi di campo, verranno prese in considerazione tutte le combinazioni e verranno prese almeno 30 misurazioni per ciascuna combinazione. Poiché l'obiettivo è confrontare i tassi di crescita, l'unità statistica sarà l'altezza del raccolto dopo un intervallo fisso di giorni (o un tipo simile di misurazione). Per ogni misurazione verranno prese una serie di altre informazioni. Prima di tutto il tipo di campo e il tipo di coltura, poi le informazioni che si ritengono correlate alla crescita del raccolto, misurazioni del tasso di crescita e una serie di altre informazioni che riteniamo rilevanti.

Quando le risposte tendono a concentrarsi in una modalità, sono necessarie scale di misurazione più ampie. Ad esempio, quando chiediamo "Ti senti depresso?" Sì/No, la maggior parte delle persone risponde No e le concomitanze non possono essere studiate, poiché le risposte tendono ad essere costanti. Per ripristinare la variabilità è necessario utilizzare scale più ampie, come "Quanto ti senti depresso?" 0,1,2,3,4,5,6,7,8,9,10. La maggior parte delle risposte si concentrerà sui valori bassi, da 0 a 3, e il punto mediano sarà probabilmente tra i valori 1 e 2. Lo scopo della metodologia delle variazioni concomitanti è di studiare le relazioni e questo viene fatto massimizzando la variabilità.

Negli studi più semplici, la dimensione del campione raccomandata è di 120 unità. Ma in molti studi clinici è disponibile solo un soggetto. In questi casi, le misure possono essere ripetute sullo stesso soggetto in diversi momenti, cercando di massimizzare la variabilità. Ad esempio, se vogliamo studiare ciò che è concomitante ai nostri mal di testa, teniamo traccia a intervalli regolari di tutto ciò che pensiamo possa essere correlato a questa situazione. Ad esempio, ogni sera riempiamo un modulo in cui forniamo una misurazione soggettiva del mal di testa, oltre a ciò che abbiamo mangiato, ciò che abbiamo visto in TV, i nostri sentimenti, ecc. Quando abbiamo un numero sufficiente di rilevazioni (possibilmente più di 120) possiamo procedere all'analisi dei dati. Esercitarci con l'analisi dei dati personali può essere un buon allenamento per iniziare.

- Dati

I dati possono essere di vario tipo: nominali, ordinali, ad intervallo e rapporti.

- *Nominali* sono fatti di modalità. Ad esempio: stato civile (celibe/nubile, coniugato/a, separato/a, divorziato/a, vedovo/a), nazionalità (italiana, ...).
- *Ordinali* sono variabili in cui l'ordine conta ma non la differenza tra i valori. Ad esempio, quando chiediamo di esprimere la quantità di dolore usando una scala da 0 a 10. Un punteggio di 7 significa più di 5, e 5 è maggiore di 3. Ma la differenza tra 7 e 5 potrebbe non essere uguale a quella tra 5 e 3. I valori esprimono semplicemente un ordine, una progressione.
- *Ad intervallo* sono variabili in cui la differenza tra due valori è significativa. Ad esempio la differenza tra 1 metro e 2 metri è la stessa che c'è tra 3 e 4 metri. I numeri sono distanziati sempre dalla stessa unità di misura.
- *A rapporti* sono variabili con le proprietà di quelle ad intervalli, ma hanno anche un valore zero assoluto. Variabili come altezza, peso, attività enzimatica sono variabili a rapporto. La temperatura, espressa in gradi Fahrenheit o Celsius, non è una variabile a rapporto. Una temperatura di zero gradi su una di queste scale non significa nessuna temperatura. I gradi Kelvin sono invece una variabile a rapporto poiché zero gradi Kelvin corrisponde a nessuna temperatura. Quando si lavora con le variabili a rapporto, ma non con le variabili ad intervallo, è possibile utilizzare le divisioni. Un peso di 4 grammi è due volte un peso di 2 grammi. Una temperatura di 100 gradi Celsius non è due volte una temperatura di 50 gradi Celsius, perché le temperature in Celsius non sono una variabile a rapporto. La scala Celsius è una variabile ad intervallo, mentre la scala Kelvin inizia dallo zero assoluto e consente i rapporti.

Le operazioni matematiche che possono essere eseguite sono:

- nel caso di variabili nominali il valore è una modalità di un elenco, ad esempio: Italia, Francia, Germania. Con le variabili nominali è possibile solo contare le occorrenze di ciascuna modalità.
- Nelle variabili ordinali il valore è una sequenza: Primo, Secondo, Terzo; Istruzione elementare, scuola superiore, università. È possibile dividere la sequenza in alto e basso, ad esempio istruzione alta, istruzione bassa o trattare ciascun valore come una modalità (variabile nominale). Ad esempio, è possibile contare quante persone hanno raggiunto l'istruzione secondaria o superiore. È possibile scoprire qual è il livello di istruzione raggiunto almeno, ad esempio, dal 50% della popolazione. Esiste un ordine, una progressione, che può essere utilizzata per creare nuove categorie (ad esempio bassa istruzione e alta istruzione) o per ordinare la popolazione.
- Le variabili ad intervallo differiscono dalle variabili ordinali, che consentono il conteggio e l'ordinamento, poiché consentono l'uso di addizioni e sottrazioni e il calcolo dei valori medi e della variabilità.
- Le variabili a rapporto differiscono dalle variabili ad intervallo poiché il valore zero coincide con lo zero assoluto. Ciò consente l'uso di divisioni e moltiplicazioni.

I dati possono essere trasformati in una o più variabili dicotomiche nel seguente modo:

- Nel caso di variabili nominali, la singola modalità (ad esempio singola provincia, nazione, colore) può essere tradotta in una variabile dicotomica. Ad esempio, l'Italia diventa la variabile dicotomica Italia: Sì/No.
- Le variabili ordinali seguono una progressione. Queste variabili possono essere trattate allo stesso modo delle variabili nominali traducendo ciascuna modalità in una variabile dicotomica, ma è

anche possibile tradurre le informazioni nella forma alto / basso. È importante notare che non esiste un criterio oggettivo per definire quando le modalità sono considerate alte o basse. Ad esempio, in uno studio sui professori universitari il grado più basso di istruzione potrebbe corrispondere al più alto grado in un altro studio che considera la popolazione povera dei paesi in via di sviluppo. La divisione di una variabile ordinale in una variabile dicotomica, deve sempre tenere conto del contesto e dello scopo dello studio. Nel caso in cui nessun criterio suggerisca come dividere tra alto e basso il punto limite viene scelto bilanciando i due gruppi. Questo viene fatto usando il valore mediano.

- Quando si ha a che fare con variabili ad intervallo o rapporto, valori che contrassegnano il passaggio da valori bassi a valori alti vengono generalmente utilizzati. Lo scopo del ricercatore e lo scopo dell'analisi dei dati è quello di identificare questi valori soglia. Accade spesso che la stessa variabile possa essere tradotta in più variabili dicotomiche al fine di testare quale valore soglia consente meglio di identificare un valore critico, cioè un valore che indica la transizione da uno stato all'altro.

I dati sono la materia prima, ma non tutti i dati sono adatti per le analisi delle variazioni concomitanti. Infatti possono essere usati solo dati che possono essere trasformati nella forma dicotomica e raccolti in modo sistematico. Le informazioni che non possono essere codificate o trasformate nella forma dicotomica sono di scarsa utilità.

- Come scegliere le variabili

Alla fine del XIX secolo, Charles Sanders Peirce propose uno schema che avrebbe avuto una notevole influenza nello sviluppo del metodo scientifico in generale. In *"How to Make Our Ideas Clear"*,[47]

---

[47] Peirce C.S. (1878), How to Make Our Ideas Clear, www.amazon.it/dp/B004S7A74K

Peirce ha inserito l'induzione e la deduzione in un contesto complementare anziché competitivo. Peirce ha inoltre descritto lo schema per il test di ipotesi che continua a prevalere oggi. Peirce ha esaminato e articolato le fasi fondamentali del ragionamento nella ricerca scientifica, i processi che sono attualmente noti come induzione, abduzione, deduzione e test di ipotesi:

1) Durante l'*induzione* esaminiamo il know-how e i problemi irrisolti.
2) Durante l'*abduzione* processi inconsci hanno luogo e portano a un'intuizione che mette in luce nuove ipotesi e relazioni.
3) Durante la *deduzione* le ipotesi sono tradotte in variabili.
4) Durante il *test di ipotesi* i dati vengono raccolti e vengono testate le relazioni.

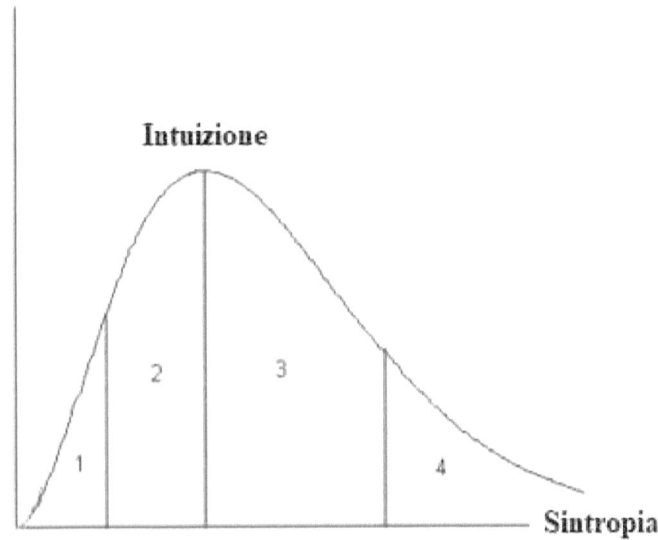

Fasi del processo di scoperta

Uno dei momenti più delicati è quando traduciamo le ipotesi in variabili (fase 3).

Le ipotesi indicano sempre le relazioni tra due o più variabili. Per testare queste relazioni è necessario raccogliere i dati separatamente.

Ad esempio, se l'ipotesi è che la solitudine provoca ansia, è sbagliato chiedere: "la solitudine ti provoca ansia?" perché la concomitanza tra solitudine e ansia è già data nella domanda e l'analisi dei dati non sarà in grado di stabilire se questa concomitanza esiste. Per studiare la concomitanza tra solitudine e ansia è necessario formulare due diverse domande: "ti senti solo?" e "ti senti ansioso?" L'analisi dei dati dirà se questi due elementi (solitudine e ansia) variano in modo concomitante e sono correlati. È anche importante chiedere informazioni in modo chiaro e diretto, evitando forme al negativo. Ogni variabile dovrebbe contenere solo una informazione.

Ad esempio la domanda che segue non è corretta:

La famiglia ha ricevuto sussidi?

☐ Sì,
☐ No,
☐ E' una famiglia con un genitore
☐ E' una famiglia con due genitori

poiché combina sussidi (Sì/No) con tipo di famiglia (uno/due genitori).

La formulazione corretta è:

La famiglia ha ricevuto sussidi? ☐ Sì, ☐ No

Tipo di famiglia: ☐ Un genitore, ☐ Due genitori

Ogni variabile deve essere relativa solo a un tipo di informazione. Durante l'analisi dei dati le informazioni saranno combinate e le concomitanze saranno studiate.

Le variabili possono essere suddivise in chiave, esplicative e di struttura:

- *chiave* sono tutte quelle variabili che descrivono l'argomento in esame, ad esempio se lo studio è relativo al cancro, le variabili chiave saranno relative al cancro;
- *esplicative* sono tutte quelle variabili che potrebbero essere correlate alle variabili chiave, ad esempio nel caso del cancro potrebbero essere l'ambiente, lo stress, il cibo e così via;
- *di struttura* sono variabili come età, sesso, istruzione, professione; variabili che vengono solitamente utilizzate per descrivere il campione e il contesto.

Per scegliere variabili esplicative rilevanti, può essere utile chiedere l'aiuto di esperti che hanno conoscenza dell'argomento. È anche utile confrontare diverse ipotesi. La ricerca scientifica è un processo di continua rivisitazione della conoscenza che richiede la disposizione a cambiare e anche ad abbandonare le nostre convinzioni.

La progettazione di una scheda può essere suddivisa nei seguenti passaggi:

- dichiarare quale è lo scopo dello studio (*variabili chiave*).
- elencare tutte quelle variabili che potrebbero essere correlate alle variabili chiave (*variabili esplicative*). È molto importante tenere traccia delle ipotesi, in questo modo l'interpretazione dei risultati sarà semplice, altrimenti è facile cadere nella trappola di prestare troppa attenzione alle informazioni secondarie e produrre interpretazioni del tutto irrilevanti e di poco valore scientifico. È sempre buona norma usare più variabili per le stesse informazioni (ridondanza).
- preparare la scheda (questionario, griglia di osservazione, ...) e testarla per valutare se funziona bene o se può essere migliorata e ottimizzata. È necessario continuare a testare la scheda fino a raggiungere uno standard che consideriamo accettabile.

- Test statistici

I test parametrici si basano sul presupposto che i dati delle variabili nella popolazione siano distribuiti secondo la distribuzione normale (gaussiana) che nella teoria della probabilità è una distribuzione continua, una funzione, che consente di calcolare la probabilità che qualsiasi osservazione reale cada tra due limiti.

Al contrario, i metodi non parametrici non fanno ipotesi sulla distribuzione dei dati. La loro applicabilità è molto più ampia dei corrispondenti metodi parametrici e, a causa della dipendenza da un minor numero di ipotesi, sono più semplici ed affidabili. Anche quando l'uso di metodi parametrici è giustificato, i metodi non parametrici sono più affidabili. A causa della loro semplicità, i risultati lasciano meno spazio ad usi impropri e fraintendimenti.

Negli anni '60 Simon Shnoll e collaboratori furono probabilmente i primi a dimostrare che l'assunzione della distribuzione normale è solo matematica, e che nelle scienze della vita e anche in fisica è falsa.

In una revisione di studi condotta in oltre quarant'anni, Shnoll[48] mostra la non-casualità della struttura fine delle distribuzioni di misure, partendo da oggetti biologici e passando al dominio puramente fisico. L'implicazione è enorme: i test basati sull'assunzione di distribuzioni casuali normali, come quelli delle statistiche parametriche, sono fondamentalmente errati e producono risultati che sono spesso errati, instabili e difficili da riprodurre.

Nel contesto della metodologia delle variazioni concomitanti gli studi vengono condotti utilizzando statistiche non parametriche, tra le quali il Chi Quadrato (χ^2) è oggi uno degli indici statistici più diffusi. Il χ^2 calcola le differenze tra le frequenze osservate e quelle attese. In assenza di concomitanza il valore del χ^2 è uguale a 0, mentre nel caso di concomitanza massima è uguale alla dimensione del campione.

---

[48] Shnoll SE, Kolombet VA, Pozharskii EV, Zenchenko TA, Zvereva IM and AA Konradov, Realization of discrete states during fluctuations in macroscopic processes, Physics – Uspekhi 162(10), 1998, pp.1129–1140.

Il confronto con la distribuzione di probabilità del χ^2 consente di ricavare la significatività statistica della concomitanza. La significatività statistica indica il rischio accettato quando affermiamo l'esistenza della relazione/concomitanza. Convenzionalmente si prendono in considerazione come significative relazioni con un rischio inferiore all'1%. Con le variabili dicotomiche l'1% si raggiunge con valori del χ^2 uguali o maggiori a 6,635.

Quando si utilizza la metodologia delle variazioni concomitanti tutte le variabili sono tradotte nella forma dicotomica. L'incrocio di due variabili dicotomiche produce una tabella 2x2. Se prendiamo, ad esempio, le seguenti variabili **A** e **B**:

	A		Totale
B	Sì	No	
Sì	18.340	3.241	**21.581**
No	5.118	29.336	**34.454**
Totale	**23.458**	**32.577**	**56.035**

il valore del χ^2 si ottiene confrontando le frequenze osservate con le frequenze attese.

Le frequenze attese sono calcolate dividendo il prodotto dei valori totali di riga e colonna per il totale generale. La frequenza attesa per la prima cella (Sì / Sì) è:

$$21.581 \times 23.458 / 56.035 = 9.034$$

Seguendo questa procedura per le 4 celle della tabella abbiamo la seguente tabella delle frequenze attese:

	A		Totale
B	Sì	No	
Sì	9.034	12.547	**21.581**
No	14.424	20.030	**34.454**
Totale	**23.458**	**32.577**	**56.035**

La formula del Chi Quadrato è la seguente:

$$Chi\ Quadrato = \sum \frac{(f_o - f_a)^2}{f_a}$$

dove f_o indica le frequenze osservate e f_a le frequenze attese

Per ogni cella calcoliamo il quadrato della differenza tra le frequenze osservate e le frequenze attese diviso per le frequenze attese e sommiamo i risultati.

In questo esempio otteniamo un valore del Chi Quadrato di 26.813, ben al di sopra del valore 6,635 da cui inizia la significatività statistica dell'1%.

Poiché il valore massimo di χ^2 varia a seconda del numero di unità, è utile standardizzarlo tra 0 e 1. Questa trasformazione è conosciuta come r-Phi e si ottiene come radice quadrata del valore di χ^2 diviso per la dimensione del campione.

- Esempio n. 1: Retrocausalità

La Teoria unitaria di Luigi Fantappiè implica l'esistenza della retrocausalità. Tuttavia, nei laboratori di fisica sembra impossibile eseguire esperimenti in grado di dimostrare l'esistenza della retrocausalità.

Durante il suo dottorato di ricerca in psicologia cognitiva Antonella Vannini ha formulato la seguente ipotesi: "*se la vita è sostenuta dalla sintropia, i parametri del sistema nervoso autonomo che sostengono le funzioni vitali devono reagire in anticipo agli stimoli.*" Un numero impressionante di studi aveva già dimostrato che i parametri del sistema nervoso autonomo (conduttanza cutanea e frequenza cardiaca) reagiscono prima degli stimoli.

Vannini ha condotto esperimenti utilizzando misurazioni della frequenza cardiaca (HR) per studiare questa ipotesi retrocausale. Una descrizione dei quattro esperimenti da lei condotti può essere trovata in *"Retrocausalità: esperimenti e teoria."*[49]

Nei suoi esperimenti, Vannini ha suddiviso le prove in 3 fasi:

- *Fase di presentazione*: 4 colori sono presentati uno dopo l'altro sullo schermo del computer. Ogni colore è mostrato per esattamente 4 secondi. Si chiede al soggetto di guardare i colori e la frequenza cardiaca viene misurata a intervalli fissi di 1 secondo. Per ogni colore vengono salvate 4 misurazioni della frequenza cardiaca (HR): una al secondo. La presentazione del colore è perfettamente sincronizzata con la misurazione della frequenza cardiaca. Quando necessario, la sincronizzazione viene ristabilita mostrando un'immagine bianca prima della presentazione del primo colore di questa fase
- *Fase di scelta*: viene mostrata un'immagine con 4 barre colorate per consentire al soggetto di scegliere (usando il mouse) il colore che pensa che il computer selezionerà. Si chiede al soggetto di cercare di indovinare il colore che il computer selezionerà.
- *Fase del Target*: il computer seleziona in modo casuale il colore target e lo mostra a schermo intero sul computer.

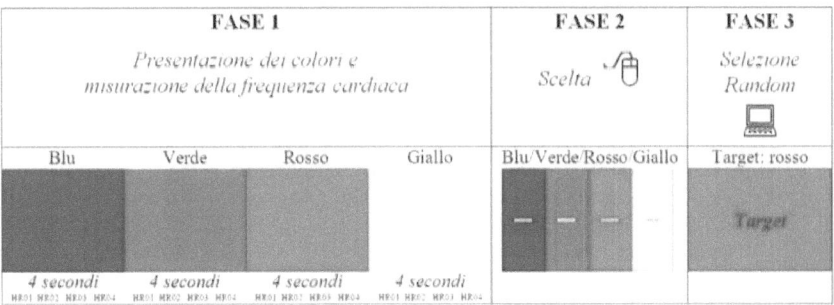

Prova sperimentale

---

[49] Vannini A. and Di Corpo U. (2011), Retrocausalità: esperimenti e teoria: https://www.amazon.it/dp/1520284225

Ipotesi: in presenza dell'effetto retrocausale le differenze dovrebbero essere osservate tra le misurazioni della frequenza cardiaca nella fase 1 in concomitanza con il colore target della fase 3. La presentazione del colore nella fase 3 è considerata la causa delle differenze delle frequenze cardiache osservate in fase 1.

Le prove sono state ripetute 100 volte per ogni soggetto. I soggetti sono stati assistiti solo durante la prima prova e lasciati da soli per le restanti 99 prove. La prima prova non è stata perciò utilizzata nelle analisi dei dati. Il primo esperimento condotto su un campione di 24 soggetti ha mostrato l'effetto retrocausale solo quando il colore target era blu o verde.

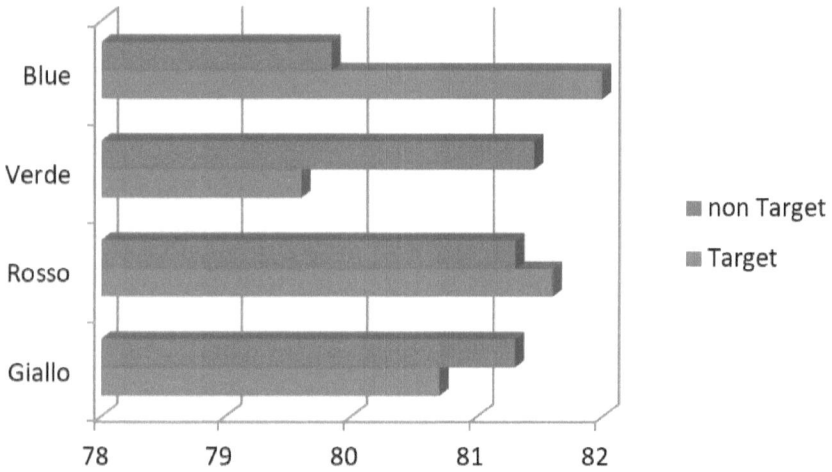

Valore medio della frequenza cardiaca per colore target e non target

L'analisi dei dati è stata effettuata utilizzando test statistici parametrici, come il test t di Student e l'ANOVA.

Il paradosso era che quando si analizzavano i dati all'interno di ciascun soggetto l'effetto si mostrava su tutti i colori, ma quando l'analisi veniva eseguita considerando tutti i soggetti assieme, l'effetto era visibile solo per i colori blu e verde.

Dopo un'attenta indagine è diventato chiaro che l'effetto retrocausale non può essere sommato tra i soggetti, poiché si mostra in direzioni opposte in soggetti diversi. Al contrario, l'ANOVA e la t di Student richiedono che i dati siano additivi. Quando gli effetti sono non direzionali, l'uso dell'ANOVA e della t di Student causa errori di "secondo tipo", che consistono nell'affermare che un effetto non esiste quando invece esiste. L'ANOVA e la t di Student sono particolarmente vulnerabili anche agli errori di "primo tipo", che consistono nell'affermare che l'effetto esiste quando invece non esiste. Gli errori di primo tipo si verificano, ad esempio, quando un singolo valore anomalo, fuori scala, produce una significatività statistica.

Nel quarto esperimento l'analisi dei dati è stata eseguita utilizzando la metodologia delle variazioni concomitanti. Per ogni soggetto è stata prodotta una tabella che mostra gli effetti osservati. Questa tabella era composta da 16 linee, una per ciascuna delle 16 frequenze cardiache misurate nella fase 1 dell'esperimento (la fase 1 è stata ripetuta 100 volte per ciascun soggetto).

Esempio di tavola di feedback e confronto tra 2 soggetti								
Soggetto 21				Soggetto 7				
	Blu	Verde	Rosso	Giallo		Blu	Verde	Rosso	Giallo
HR 1:	-0,671	2,200	-0,840	-1,103	HR 1:	0,276	-0,775	0,040	0,378
HR 2:	-0,772	2,399	-0,556	-1,471	HR 2:	0,231	-0,750	0,133	0,298
HR 3:	-0,950	2,467	-0,056	-1,766	HR 3:	0,210	-0,862	0,173	0,414
HR 4:	-1,353	2,310	1,080	-2,054	HR 4:	0,150	-0,913	0,187	0,560
HR 5:	-1,928	2,204	1,894	-1,892	HR 5:	0,117	-0,850	0,187	0,545
HR 6:	-1,954	1,897	2,474	-1,993	HR 6:	0,048	-0,875	0,227	0,640
HR 7:	-1,982	1,535	2,752	-1,755	HR 7:	-0,067	-0,688	0,320	0,491
HR 8:	-2,015	1,543	2,733	-1,704	HR 8:	-0,077	-0,763	0,373	0,524
HR 9:	-1,831	1,397	2,665	-1,704	HR 9:	-0,129	-0,712	0,427	0,482
HR 10:	-1,770	1,508	2,407	-1,691	HR 10:	-0,109	-0,700	0,467	0,375
HR 11:	-1,482	1,468	1,981	-1,611	HR 11:	-0,174	-0,625	0,467	0,402
HR 12:	-1,458	1,853	1,404	-1,637	HR 12:	-0,249	-0,650	0,600	0,378
HR 13:	-1,572	2,154	1,199	-1,679	HR 13:	-0,259	-0,625	0,573	0,402
HR 14:	-1,544	2,079	1,260	-1,676	HR 14:	-0,296	-0,525	0,573	0,348
HR 15:	-1,452	1,994	1,226	-1,661	HR 15:	-0,283	-0,513	0,507	0,405
HR 16:	-1,311	1,727	1,255	-1,541	HR 16:	-0,220	-0,525	0,413	0,438
Totale generale: 83,764					Totale generale: 0,000				

Tabella dell'effetto retrocausale per soggetto

Ogni colonna era relativa a un colore target (selezionato dal computer nella fase 3. Per ogni cella sono stati calcolati due valori medi: quando il colore era target e quando non era target. Il valore mostrato nella tabella è la differenza tra questi due valori medi.

Per il soggetto n. 21, nella prima riga (HR 1) la differenza del valore medio delle frequenze cardiache, quando il blu è target e non target, è di -0,671 battiti cardiaci. La seconda linea è relativa alla seconda frequenza cardiaca misurata durante la fase 1 e la differenza è 0,772.

Maggiore è la differenza, maggiore è l'effetto retrocausale. Sono stati presi in considerazione solo valori superiori a 1,5, poiché questi valori raggiungono un valore statistico di significatività p <0,01. È stato calcolato un valore totale generale delle differenze statisticamente significative (considerando solo il valore assoluto). Questa tabella mostra un totale generale di 83.764, per il soggetto n. 21 e un totale generale pari a zero per il soggetto n. 7.

La distribuzione dell'effetto per il soggetto n. 21 è rappresentato graficamente nella seguente tabella.

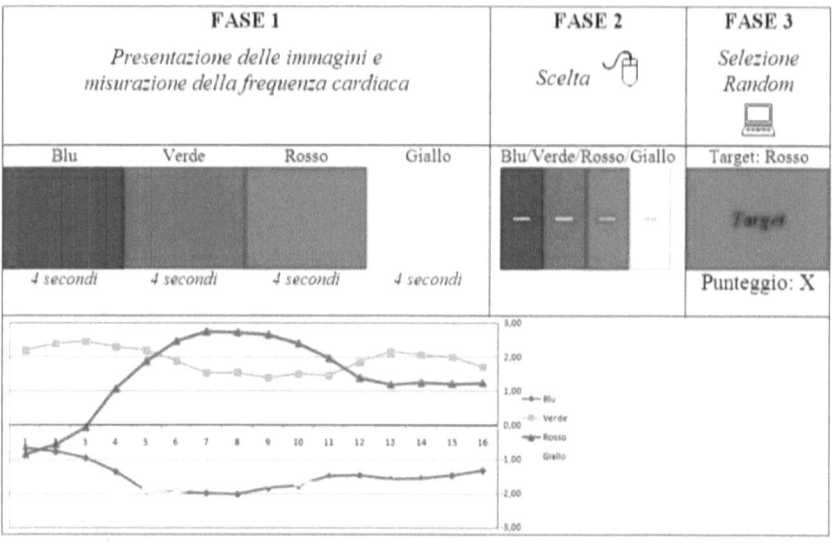

Rappresentazione grafica della tabella di feedback per il soggetto n. 21

In assenza di un effetto retrocausale le linee dovrebbero variare attorno al valore base, la riga 0.00.

Per studiare l'effetto retrocausale sono stati utilizzati test statistici non parametrici (Chi Quadrato e il test esatto di Fisher). Le tavole di feedback sono state divise in 3 gruppi (le prime 33 prove, le 33 prove centrali e le ultime 33 prove). Il valore soglia è rimasto 1,5, sebbene non corrispondesse più al valore di significatività statistica dell'1%, poiché venivano adesso considerate solo 33 prove. Per calcolare i valori del Chi Quadrato, le frequenze attese sono state ottenute "empiricamente" utilizzando target non correlati al colore mostrato dal computer nella fase 3.

Frequenze	Differenze			Totale
	Fino a -1,500	-1,499 a +1,499	+1,500 e oltre	
Osservate	1053 (17,83%)	3680 (63,89%)	1027 (18,28%)	5760 (100%)
Attese	781 (13,56%)	4225 (73,35%)	754 (13,09%)	5760 (100%)

Frequenze osservate e attese nella distribuzione delle differenze delle frequenze cardiache misurate nella fase 1

Le differenze fino a -1,5 (a sinistra della tabella) sono associate a una frequenza osservata del 17,83%, mentre la frequenza attesa è del 13,56%. A destra la frequenza osservata è del 18,28%, mentre la frequenza attesa è del 13,09%. La differenza tra le frequenze osservate e attese è uguale a un valore Chi Quadrato di 263,86 che, rispetto al 13,81 di una significatività statistica di p<0,001, risulta estremamente significativo. Non è stato possibile utilizzare il test esatto di Fisher poiché questa tabella non era una 2x2.

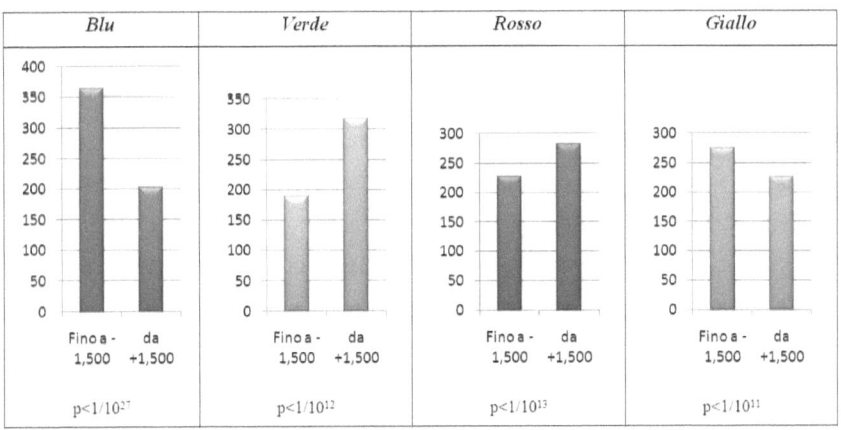

Confronto dell'effetto retrocausale per colore

I valori della coda (fino a -1.5 e da +1.5) indicano la retrocausalità. Questa è visibile su tutti i colori, come mostra la tabella precedente.

Per i colori blue e verde l'effetto retrocausale è sbilanciato tra la parte positiva e negativa. Usando la t di Student e l'ANOVA questi effetti erano visibili in quanto sbilanciati. Ma per i colori rosso e giallo l'effetto retrocausale era bilanciato tra la parte positiva e quella negativa. Usando la t di Student e l'ANOVA questi effetti si sottraevano l'un l'altro e diventavano invisibili. Ciò mostra che le tecniche parametriche sono meno potenti delle tecniche non parametriche, quando vengono usate secondo la metodologia delle variazioni concomitanti.

- *Esempio n. 2: Risonanza*

Il concetto di risonanza è ampiamente usato nelle scienze sociali per descrivere i fenomeni sociali emergenti.

La Teoria dei bisogni vitali sostiene che ogni individuo ha bisogno di fornire una finalità e un significato all'esistenza. Quando la finalità manca ci sentiamo insignificanti e depressi. Quando condividiamo le finalità con gli altri, inizia il processo di risonanza.

Seguendo questa ipotesi ci è stato chiesto di sviluppare un questionario, mirato a misurare la risonanza. Questa misurazione è stata quindi utilizzata come punto di riferimento nello sviluppo di un'App che analizzasse i dati vocali, facciali e gestuali registrati durante l'interazione di due persone fornendo una misura della risonanza.

La Teoria dei bisogni vitali afferma che quando convergiamo verso obiettivi comuni iniziamo a provare emozioni di benessere e di calore nell'area toracica. La risonanza è definita come la condivisione di queste emozioni positive. Quando, invece, ci allontaniamo da obiettivi comuni, proviamo emozioni negative. La risonanza negativa è definita come l'emersione di questi sentimenti negativi nell'interazione. La dissonanza è definita come una situazione mista in cui un individuo converge e l'altro diverge.

Secondo la teoria dei bisogni vitali:

- *Le variabili chiave* sono relative alla percezione del futuro come "*Ho fiducia nel futuro*" (risonanza positiva) e "*Mi sento senza futuro*" (risonanza negativa);
- le *variabili esplicative* sono domande che descrivono emozioni e sentimenti.

Un primo questionario è stato ideato per studiare quali emozioni e sentimenti erano concomitanti con le variabili chiave.

Il questionario è stato reso disponibile tramite Google Docs e quando è stato raggiunto un totale di 160 questionari validi è stata effettuata l'analisi dei dati. Si rispondeva usando valori da 0 a 10. Le variabili oggettive erano "Sesso" ed "Età".

Lo scopo dell'analisi era di scegliere un sottoinsieme di 20 domande fortemente correlate con le domande chiave.

Prima di iniziare l'analisi sono state utilizzate le distribuzioni di frequenza per decidere i punti di taglio per trasformare i valori da 0 a 10 in valori Sì/No. La trasformazione è stata effettuata utilizzando i valori mediani che in assenza di ipotesi specifiche massimizzano la variabilità e le concomitanze.

Le distribuzioni di frequenza erano del tipo:

Agitato

	n	%
Agitato p. 0	56	35.00
Agitato p. 1	29	53.13
Agitato p. 2	18	64.38
Agitato p. 3	17	75.00
Agitato p. 4	9	80.63
Agitato p. 5	13	88.75
Agitato p. 6	5	91.88
Agitato p. 7	4	94.38
Agitato p. 8	7	98.75
Agitato p. 9	-	98.75
Agitato p. 10	2	100.00
Agitato MR	-	100.00
Totale	160	

La differenza di colore mostra la divisione basso/alto che è stata utilizzata per trasformare la variabile nella forma dicotomica.

Il campione era di 71 maschi (44,4%) e 89 femmine (55,6%).

Sesso		
	N	%
Maschio	71	44.38
Femmina	89	55.63
Totale	160	

La classe di età più consistente era tra i 41 ei 50 anni:

Età		
	N	%
fino a 30 anni	16	10.00
da 31 a 40 anni	36	22.50
da 41 a 50 anni	44	27.50
da 51 a 60 anni	35	21.88
61 e più anni	28	17.50
Età MR	1	0.63
Totale	160	

La tabella che segue mostra le 10 domande con le correlazioni più alte con la variabile chiave "Ho fiducia nel futuro".

Chi2	rPhi	% Conc	% Disc	
160.00	1.000	(100.00%/	0.00%)	Fiducioso del futuro
50.60	0.562	(77.50%/	22.50%)	Felice
32.81	0.453	(72.50%/	27.50%)	Sicuro
29.70	0.431	(71.25%/	28.75%)	Contento
25.80	0.402	(70.00%/	30.00%)	Soddisfatto
25.70	0.401	(70.00%/	30.00%)	Gioioso
19.68	0.351	(67.50%/	32.50%)	Determinato
19.62	0.350	(67.50%/	32.50%)	Entusiasta
18.44	0.339	(66.88%/	33.13%)	Allegro
18.21	0.337	(66.88%/	33.13%)	Apprezzato
18.21	0.337	(66.88%/	33.13%)	Socievole
14.47	0.301	(65.00%/	35.00%)	Incuriosito
13.32	0.289	(64.38%/	35.63%)	Stabile
13.26	0.288	(64.38%/	35.63%)	Benessere
13.21	0.287	(64.38%/	35.63%)	Utile
12.13	0.275	(63.75%/	36.25%)	Gentile
12.09	0.275	(63.75%/	36.25%)	Tranquillo
12.08	0.275	(63.75%/	36.25%)	Flessibile
10.10	0.251	(62.50%/	37.50%)	Vivace
8.09	0.225	(61.25%/	38.75%)	Emozionato

Una volta selezionate le domande la risonanza è stata definita nel modo seguente:

- *Risonanza Positiva* come concomitante aumento dei valori negli item positivi e concomitante diminuzione dei valori negli item negativi, tra le due persone coinvolte nell'interazione.
- *Risonanza Negativa* come concomitante diminuzione dei valori negli item positivi e concomitante aumento dei valori negli item negativi, tra le due persone coinvolte nell'interazione.
- *Dissonanza* come assenza di concomitante aumento o diminuzione dei valori tra le due persone coinvolte nell'interazione

Il breve questionario di 20 item, per la valutazione della risonanza, è stato utilizzato durante i colloqui di lavoro. Al candidato e all'intervistatore è stato chiesto di compilare il questionario prima e dopo l'intervista. I risultati mostrano uno spostamento verso valori concomitanti tra candidato e intervistatore.

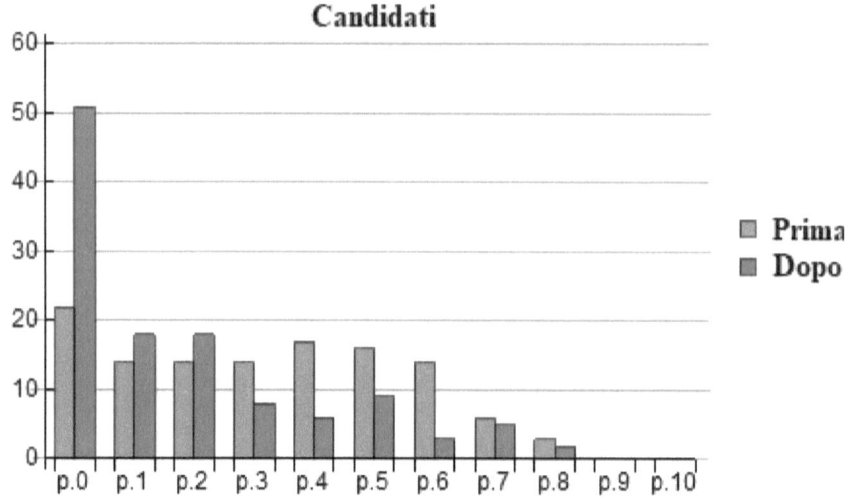

Lo scopo era di correlare queste misure della risonanza con le misure fornite dall'analisi dei domini vocale, facciale e gestuale.

Il dominio vocale consisteva in 56.035 record, elaborati per fornire indicazioni su come le caratteristiche della voce si evolvessero tra la prima parte dell'intervista e l'ultima parte. La stessa procedura è stata utilizzata per le 5.037.792 misure delle 28 funzioni nel dominio facciale e le 6.786.111 misure delle 20 caratteristiche gestuali.

L'analisi di Chi Quadrato ha mostrato diverse correlazioni statisticamente significative tra il valore di risonanza ottenuto usando il questionario e le caratteristiche misurate nei domini vocale, facciale e gestuale.

I risultati di queste analisi hanno permesso di progettare un'applicazione che utilizza informazioni vocali, facciali e gestuali per misurare la risonanza nell'interazione tra due persone.

5

ANALISI DEI DATI SU VARIABILI DICOTOMICHE

L'operazione base che si applica alle variabili dicotomiche è il conteggio, o calcolo delle frequenze. Le frequenze possono essere calcolate incrociando più variabili, passando in questo modo dalle distribuzioni semplici di frequenza alle tabelle doppie e all'analisi delle concomitanze tramite l'utilizzo di indici statistici e di modelli di analisi fattoriale. E' quindi possibile dividere le analisi dei dati in:

- *Distribuzioni semplici* di frequenza: è il livello iniziale dell'analisi dei dati e corrisponde al conteggio delle risposte e al loro confronto grazie ai valori percentuali. Le distribuzioni semplici si utilizzano per fotografare la distribuzione dei dati.
- *Tabelle doppie*: sono il risultato dell'incrocio delle distribuzioni di due variabili e consentono di studiare le relazioni tra le modalità delle due variabili, grazie allo studio delle percentuali di riga e di colonna.
- *Concomitanze*: la concomitanza tra due variabili dicotomiche può essere espressa nella forma di indici di correlazione/concomitanza, il più noto dei quali è il Chi Quadro (χ^2). Per ogni singola variabile dicotomica è possibile ottenere tanti valori di concomitanza quante sono le altre variabili dicotomiche considerate nello studio. Questi valori possono essere ordinati partendo da quelli più significativi. In questo modo diventa facile individuare ciò che caratterizza ogni variabile.
- *Analisi fattoriale*: le correlazioni indicano se esiste concomitanza tra variabili (dicotomiche) prese a coppie. In uno studio medio le variabili dicotomiche con le quali si lavora sono più di mille. Con

mille variabili le correlazioni possibili sono 1000x1000/2 e quelle significative sono in genere nell'ordine di svariate migliaia. Anche se l'analisi dei dati si limita spesso alle correlazioni ottenute dalle variabili chiave, fatto che riduce notevolmente il numero di correlazioni che devono essere lette ed interpretate, un aiuto alla lettura dei dati può essere fornito dalle analisi fattoriali. Le analisi fattoriali individuano le strutture di correlazione (grazie alla loro rappresentazione su di uno spazio multidimensionale), e consentono di ridurre il numero a volte eccessivo di correlazioni ad un numero limitato di strutture di correlazione che vengono chiamate fattori.

– *Analisi dei gruppi*: le strutture di correlazione possono essere utilizzati come profili che consentono di attribuire alle schede punteggi di similarità. In questo modo le schede vengono raggruppate in base alla loro similarità con i diversi profili, generando gruppi che possono sovrapporsi, dato che ogni scheda può partecipare a più profili.

- *Distribuzioni semplici*

Le distribuzioni semplici consentono di fotografare la distribuzione delle risposte ad una variabile. Ogni riga della tabella corrisponde ad una modalità. Ad esempio la modalità fino a 30 anni ha ottenuto 16 risposte, la modalità da 31 a 40 anni ha ottenuto 36 risposte, ecc.

Età		
	n	%
fino a 30 anni	16	10.00
da 31 a 40 anni	36	22.50
da 41 a 50 anni	44	27.50
da 51 a 60 anni	35	21.88
61 e più anni	28	17.50
MR (Mancata Risposta)	1	0.63
Totale	160	

Le distribuzioni semplici di frequenza vengono in genere utilizzate per descrivere il campione: età, sesso, istruzione. La rappresentazione grafica delle frequenze consente una lettura più immediata dei risultati.

Spesso le persone associano la statistica unicamente alle distribuzioni di frequenza e alla loro rappresentazione grafica. Tuttavia, si tratta di un livello di analisi dei dati descrittivo che è al di fuori dello studio delle concomitanze, che si realizza solo quando si prendono in considerazione almeno coppie di variabili.

Le distribuzioni semplici di frequenza studiano solo una variabile per volta e non consentono perciò di individuare concomitanze.

- *Tabelle doppie*

Le tabelle doppie sono il risultato dell'incrocio di due variabili e consentono di studiare le concomitanze tra le modalità delle due variabili, grazie allo studio delle percentuali di riga e di colonna.

	Maschi	Femmine	Totale
Nessun incidente	50	105	155
	20%	70%	39%
Incidenti	200	45	245
	80%	30%	61%
Totale	250	150	400
	100%	100%	100%

E' importante ribadire che la metodologia delle variazioni concomitanti richiede l'uso di variabili dicotomiche. Nel momento in cui si incrociano variabili non dicotomiche, che hanno più di due modalità, si ottengono tabelle estese che non consentono lo studio corretto delle concomitanze. Le tabelle estese posso infatti presentare una pluralità di concomitanze, ognuna in una cella diversa della tabella.

L'uso delle tabelle estese ricade, perciò, in un uso descrittivo della statistica che si colloca al di fuori delle metodologie scientifiche di analisi dei dati.

- Concomitanze

Lo studio delle concomitanze si effettua per mezzo di indici statistici. Il Chi Quadro (χ^2) è oggi quello più noto e forse maggiormente utilizzato. Il χ^2 calcola la differenza tra le frequenze osservate e le frequenze attese. In assenza di relazione il χ^2 è uguale a 0, nel caso di relazione massima è uguale al numero di casi conteggiati. Il χ^2 consente anche di confrontare il risultato con distribuzioni probabilistiche note per conoscere la significatività statistica della relazione. La significatività statistica indica la probabilità di errore che si accetta nel momento in cui si afferma l'esistenza della concomitanza. Convenzionalmente vengono considerate concomitanze con probabilità di errore inferiore all'1%. Quando si incrociano variabili dicotomiche il χ^2 è significativo all'1% con valori uguali o superiori a 6,635.

Come già detto, per ogni singola variabile dicotomica è possibile ottenere tanti valori di concomitanza quante sono le altre variabili dicotomiche considerate nello studio. Questi valori possono essere ordinati partendo da quelli più significativi, ed in questo modo diventa facile ed immediata l'individuazione di ciò che caratterizza la variabile dicotomica presa in considerazione.

Ad esempio, nella tabella successiva viene presa in considerazione la variabile dicotomica "depresso". La tabella riporta i valori del χ^2 partendo da quelli più elevati con segno positivo, cioè correlazioni dirette. Si vede che la variabile depresso è correlata perfettamente con se stessa (r-Phi pari ad 1,000, χ^2 pari al numero di schede conteggiate. La concomitanza è del 100%, la discordanza è dello 0%). Ovviamente, questa correlazione è banale in quanto una variabile è sempre perfettamente concomitante con se stessa. La linea successiva mostra che tra "mi sento depresso" e "mi sento angosciato" il χ^2 è pari a 507,08, con una concordanza dell'86,14%.

"Mi sento depresso" correla con:

Chi2	r-Phi	% Conc	% Disc	
160.00	1.000	(100.00%/	0.00%)	Depresso
43.13	0.519	(75.63%/	24.38%)	Infelice
35.65	0.472	(73.13%/	26.88%)	Debole
28.33	0.421	(71.25%/	28.75%)	Scontento
26.58	0.408	(70.00%/	30.00%)	Fragile
26.19	0.405	(70.63%/	29.38%)	Triste
23.83	0.386	(69.38%/	30.63%)	Inutile
23.78	0.386	(68.75%/	31.25%)	Angosciato

Nella tabella le concomitanze vengono organizzate a partire dalle più forti per poi scendere progressivamente e bloccarsi quando la probabilità di errore supera l'1%. Tutte le concomitanze possono essere ritrovate sotto forma di tabelle doppie. E' però molto più immediato leggere una gerarchia di concomitanze ordinate per significatività che non alcune centinaia di pagine di tabelle doppie.

L'esempio mostra che Mi sento depresso è fortemente concomitante con Mi sento infelice, Mi sento debole, Mi sento scontento, Mi sento triste, Mi sento inutile, Mi sento angosciato, ecc.

Cercando di leggere e di interpretare queste concomitanze che, intuitivamente, sappiamo corrispondere a realtà, si percepisce subito la complessità che si nasconde dietro a questo problema. In uno studio medio le concomitanze statisticamente significative possono essere migliaia; in uno studio di grandi dimensioni si arriva a diversi milioni. Pur trattandosi di uno strumento sintetico, le tabelle delle concomitanze fanno intuire la necessità di un ulteriore strumento in grado di ridurre ulteriormente la complessità.

- *Analisi fattoriale*

Continuando l'esempio precedente, è possibile selezionare le variabili concomitanti con Mi sento depresso e su queste variabili effettuare un'analisi fattoriale.

L'analisi fattoriale parte dalla matrice delle concomitanze per costruire delle nuove variabili, non correlate tra di loro (r-Phi = 0,000). Per ognuna di queste nuove variabili si conosce il valore di concomitanza (r-Phi) con le variabili dicotomiche originarie. E' quindi possibile utilizzare queste variabili come assi cartesiani (assi fattoriali), in cui i valori di concomitanza diventano le coordinate con cui le variabili originarie vengono rappresentate nello spazio.

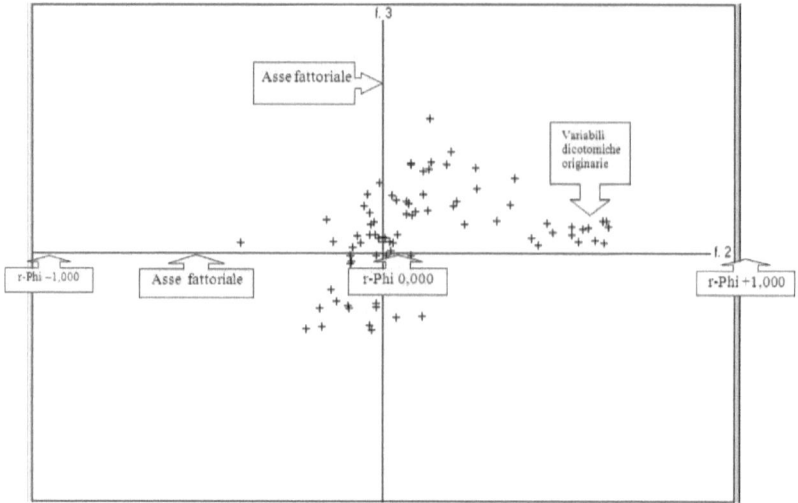

In questo esempio è riportato l'incrocio tra l'asse fattoriale 2 e l'asse fattoriale 3.

Come si vede i due fattori si incrociano a 90°, in quanto non sono correlati tra loro. Le variabili originarie sono rappresentate come delle piccole croci. L'obiettivo dell'analisi fattoriale è di selezionare gruppi di variabili tra loro correlate. L'idea è che variabili tra loro correlate esprimano un comune denominatore, un fattore (da qui il termine analisi fattoriale).

L'analisi fattoriale può individuare un numero elevato di assi fattoriali (ma in numero sempre inferiore alle variabili inserite nell'analisi). In questo esempio sono state inserite 85 variabili, il numero di assi individuato è di poco superiore a 20.

L'analisi fattoriale porta ad una rappresentazione multidimensionale (ogni asse fattoriale corrisponde ad una dimensione). Per questo motivo, la rappresentazione delle variabili su di un piano (incrocio di due assi fattoriali) è una riduzione della reale complessità della rappresentazione fattoriale. In altre parole, due variabili dicotomiche che appaiono vicine su di un piano, potrebbero invece essere distanti su di un altro piano, come mostrato nell'esempio che segue nel quale due variabili dicotomiche, non correlate tra di loro, ottengono lo stesso valore sull'asse del fattore 7 (f. 7).

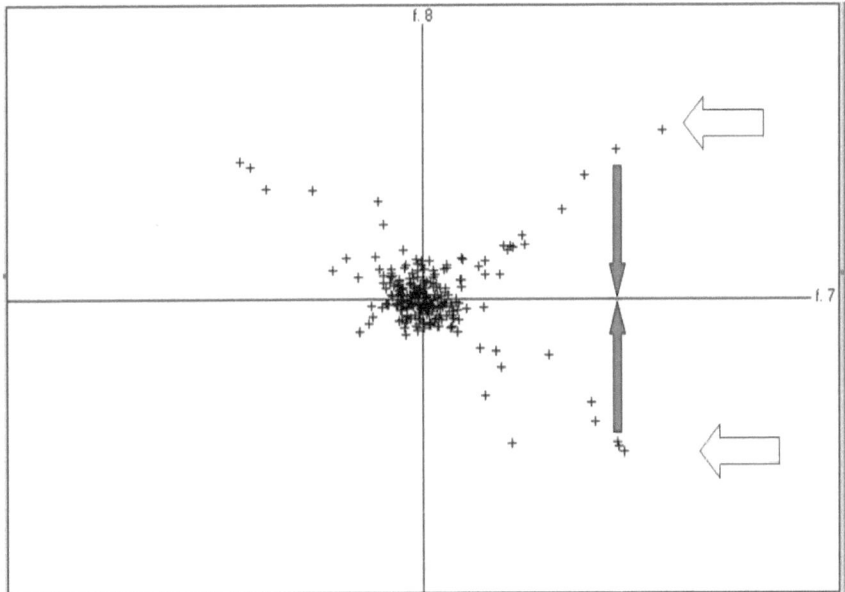

Prima di leggere i risultati dell'analisi fattoriale è quindi necessario ridurre il rischio di leggere assieme variabili che non sono tra loro correlate. A tal fine si ruotano gli assi fattoriali in modo da far coincidere le strutture fattoriali con gli assi. Nell'esempio appena riportato si notano due strutture (indicate dalle frecce gialle). Queste due strutture non sono correlate in quanto formano tra loro un angolo prossimo ai 90°. Tuttavia, le coordinate fattoriali (i valori r-Phi) di queste due strutture sono coincidenti sull'asse orizzontale. Leggendo l'asse orizzontale si è portati a confondere insieme queste due strutture. Per ovviare alla sovrapposizione delle strutture, si opera ruotando tutte le coppie di assi in modo da far coincidere (o avvicinare) le strutture con gli assi fattoriali (una struttura su ogni asse).

Effettuata la rotazione di tutte le coppie di assi fattoriali si può passare alla lettura dei risultati.

Ogni asse presenterà la lista delle variabili dicotomiche concomitanti. Si opera quindi cercando di dare un nome, di associare un concetto ad ogni asse. Ovviamente l'analisi fattoriale deve essere presa come un suggerimento in quanto i passaggi che sottendono questa analisi, in particolare la rotazione degli assi fattoriali e lo schiacciamento su di un piano di uno spazio multidimensionale, possono far cadere nel tranello di leggere come concomitanti variabili che nei fatti non sono correlate tra loro. E' quindi sempre necessario prendere i risultati fattoriali in modo critico, accettando solo ciò che ha una logica ed una sua coerenza.

Una nota tecnica. E' importante sottolineare che le tecniche di analisi fattoriale si dividono in due grandi famiglie: l'analisi delle componenti principali (ACP, anche utilizzata per le analisi delle corrispondenze) e l'analisi in fattori comuni (AFC). Nell'ambito di queste due tecniche si ripropone la polarizzazione tra metodologia delle differenze e metodologia delle variazioni concomitanti. In sintesi, l'ACP richiede dati quantitativi e parte dal presupposto che stiamo lavorando in un sistema chiuso, cioè stiamo utilizzando nell'analisi dei dati tutte le variabili che descrivono il fenomeno. L'AFC consente invece di utilizzare dati qualitativi e soggettivi e parte dal presupposto che stiamo lavorando in un sistema aperto di cui conosciamo e trattiamo solo alcune variabili. In pratica, l'ACP funziona bene quando analizziamo i dati che provengono da sistemi meccanico/fisici, ad esempio il movimento dei pianeti, mentre l'AFC è adatta allo studio dei sistemi viventi. Nonostante questa netta e chiara differenza tra i due metodi, molti cadono nell'errore di utilizzare l'ACP nello studio dei sistemi viventi ed economici, producendo in questo modo risultati instabili, poco robusti e spesso errati.

Da un punto di vista tecnico la differenza tra il metodo dei fattori comuni (AFC) e il metodo delle componenti principali (ACP) è semplice:

- L'**AFC** trova i fattori utilizzando solo la parte comune tra le variabili. Si arriva così alla individuazione di 2 dimensioni, quella degli assi fattoriali, e quella dei fattori singoli. I fattori singoli sono la parte di ogni variabile che non può essere spiegata in termini comuni tramite la concomitanza (covarianza) con le altre variabili. L'AFC parte perciò dal presupposto che solo una parte dell'informazione delle variabili può essere spiegata in termini di fattori. Il sistema è quindi un sistema aperto di cui noi conosciamo e studiamo solo una piccola parte. Questo presupposto dell'AFC rende i risultati estremamente "robusti": anche aggiungendo o togliendo variabili, o effettuando l'analisi in momenti successivi, si ottengono risultati coerenti. Ciò è importante in quanto alla base del far scienza vi è il principio della ripetibilità: sono scientifici solo quei risultati che possono essere replicati da altri.
- L'**ACP** traduce tutta la varianza delle variabili in termini di fattori. Da un punto di vista tecnico l'ACP traduce la matrice delle varianze e covarianze in due matrici, quella degli autovalori e quella degli autovettori. In pratica trova tanti fattori quante sono le variabili inserite nell'analisi e tutta l'informazione è tradotta in termini fattoriali. In termini matematici si dice che in ogni soluzione si mantiene tutta l'informazione, e ciò consente di utilizzare formule matematiche che consentono di passare dallo spazio delle variabili allo spazio delle unità e, affinché queste formule di transizione rimangano valide, l'ACP non contempla la rotazione degli assi fattoriali, anche se i software statistici offrono questa possibilità arrivando a produrre risultati che sono degli assurdi logici e metodologici che non hanno alcuna attinenza con i dati iniziali. In

pratica, l'ACP sovrappone lo spazio dei fattori comuni con lo spazio dei fattori singoli e presuppone perciò che si stia lavorando con un sistema chiuso (meccanico) del quale conosciamo e abbiamo inserito nell'analisi tutte le variabili. Quando, però, si utilizza questa tecnica per lo studio dei sistemi viventi, la sovrapposizione tra spazio dei fattori comuni e spazio dei fattori singoli e la non legittima rotazione degli assi fattoriali portano a risultati totalmente inaffidabili, dove basta cambiare una sola variabile per cambiare tutti i risultati e dove i risultati sono così fumosi da permettere, con un po' di fantasia, di dire tutto e il contrario di tutto. Raymond Cattell, uno dei massimi esperti di analisi fattoriale, afferma che da un punto di vista logico e scientifico l'ACP, quando applicata allo studio delle scienze della vita o a sistemi aperti, è una delle dimostrazioni più evidenti di "pedanteria matematica" (Cattell, 1976). L'uso corretto dell'ACP presuppone che in qualsiasi momento, anche utilizzando poche variabili, sia presente tutta l'informazione necessaria per spiegare tutto. Questa condizione non è mai soddisfatta nel caso dei sistemi viventi, in quanto sistemi aperti.

- *Analisi dei gruppi*

L'analisi fattoriale porta all'individuazione di profili, cioè elenchi di variabili tra loro correlate che descrivono le caratteristiche di un fattore.

E' possibile attribuire ad ogni scheda valori di similarità in base alla concordanza con ciascun profilo. I valori di similarità variano da 0% a 100%, dove 0 indica assenza di similarità e 100 indica identità totale con il profilo.

Questi valori diventano delle nuove variabili che consentono di selezionare le schede, creando così gruppi omogenei relativamente a ciascun fattore.

Ad esempio, è possibile selezionare tutte le schede con un valore di similarità maggiore a 75% con il fattore 1, ecc.

Ovviamente una stessa scheda può ottenere valori di similarità elevati con più profili e, allo stesso modo, si possono avere delle schede che ottengono valori di similarità bassi con tutti i profili. I valori di similarità possono essere trattati come delle nuove variabili e gestiti alla stregua di una qualsiasi variabile producendo distribuzioni di frequenze, tabelle doppie, tabelle delle concomitanze ed eventualmente utilizzandoli come macro-variabili per nuove analisi delle concomitanze e analisi fattoriali.

6

SOFTWARE

Il software Sintropia-DS è stato sviluppato per rendere disponibile la metodologia delle variazioni concomitanti.

In questa sezione verrà descritto solo un numero limitato di opzioni. Una descrizione completa è disponibile nelle sezioni di aiuto del software o nell'edizione 2005 del Syntropy Journal (www.sintropia.it).

La prima versione di Sintropia-DS risale al 1982 ed era stata sviluppata per Apple II. Una versione successiva in Turbo Pascal per MS-DOS è stata distribuita con il nome DataStat ed utilizzata presso il Dipartimento di Statistica dell'Università di Roma.

Sintropia-DS unisce database e analisi statistiche (questo è il motivo dell'estensione DS: database e statistiche).

Per installare Sintropia-DS scaricate il file zip da www.sintropia.it/sintropia-italiano.zip, entrate nel file .zip e copiate nel disco "C:" la cartella "Sintropia.DS". Troverete l'applicazione Sintropia nella cartella Sintropia.DS.

Questa versione del software risale al 2005 ed era pensata per Windows-XP. Le versioni più recenti del sistema operativo Windows potrebbero richiedere l'autorizzazione all'uso del programma.

Alcune caratteristiche di Sintropia-DS:

– *Codifica dei dati online*. Le analisi statistiche richiedono dati tradotti in forma numerica. La codifica online rende l'immissione dei dati facile, più efficiente e consente di verificare costantemente la qualità dei dati, riducendo in questo modo gli errori.

- *Unità delle strutture.* I database sono in genere organizzati in più archivi tra loro collegati. Questa architettura non è adatta alle analisi statistiche. Le schede di Sintropia-DS sono invece unite in un archivio, una struttura, che consente di eseguire facilmente le analisi statistiche.
- *Facile progettazione delle schede.* È possibile utilizzare schede di qualsiasi livello di complessità. Creare e modificare la struttura di una scheda di Sintropia-DS è facile. Lo stesso file utilizzato per la video scrittura può essere utilizzato (con piccole modifiche) per la creazione dell'archivio. Un'ampia diagnostica garantisce che il prodotto finale sia adatto alle analisi statistiche.

Altre caratteristiche:

- L'*integrazione di database e analisi statistiche* ottimizza l'immissione di dati adatti per le analisi statistiche. La griglia che traduce i dati nella forma dicotomica viene prodotta automaticamente, riducendo in tal modo errori e affaticamento. I controlli automatici durante l'immissione dei dati aumentano drasticamente la qualità dei dati e riducono i tempi di immissione.
- Sono fornite solo *poche tecniche statistiche*, coerenti con la metodologia delle variazioni concomitanti. Gli utenti senza background statistico, possono produrre analisi robuste e corrette.
- L'*integrazione di dati qualitativi e quantitativi* consente di studiare la complessità dei fenomeni naturali.
- Le *analisi istantanee*, indipendenti dalla dimensione dell'archivio, consentono la visualizzazione immediata dei risultati più complessi.

Quando entrate in Sintropia-DS verrà chiesta una password.

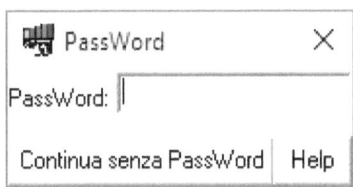

L'immissione della password (SINTROPIA) è necessaria solo quando si desidera modificare/aggiungere dati. Altrimenti potete entrare nel programma semplicemente premendo il pulsante "*Continua senza password*".

Quando entrate per la prima volta in Sintropia-DS verrà mostrata la prima pagina vuota del database attivo. Nell'esempio fornito il primo record vuoto è il numero 1093 di un archivio relativo all'insoddisfazione degli adolescenti; 1092 questionari sono già presenti nell'archivio.

Sintropia-DS attribuisce un numero progressivo a ciascuna scheda. Una scheda può essere un questionario, un modulo dati. È possibile accedere ad una scheda inserendo il numero progressivo, utilizzando i pulsanti << >> per andare alla scheda precedente o successiva o cercare quelle schede che soddisfano informazioni specifiche.

Una scheda può essere divisa in diverse pagine. È possibile cambiare pagina usando i tasti Pagina su e Pagina giù.

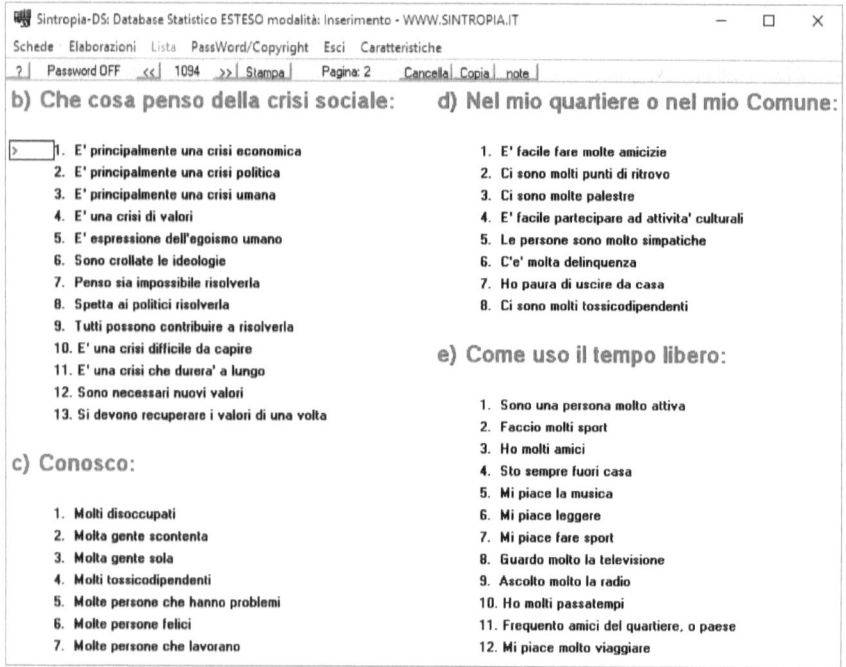

Sintropia-DS è divisa in due sezioni: Schede ed Elaborazioni. Il menu Schede consente di inserire dati, cercare, modificare, importare, ecc. Il menu Elaborazioni consente di selezionare schede e di eseguire analisi statistiche dei dati.

In questo esempio alle persone è stato chiesto di rispondere usando valori da 0 a 10, dove 0 significa totale disaccordo e 10 accordo totale. Ma la metodologia delle variazioni concomitanti utilizza variabili dicotomiche (0/1). Sintropia-DS traduce i dati nella forma dicotomica usando una griglia. La prima opzione nella finestra Elaborazioni è quindi quella di creare la "Griglia" che consente di tradurre le informazioni memorizzate nell'archivio nella forma dicotomica.

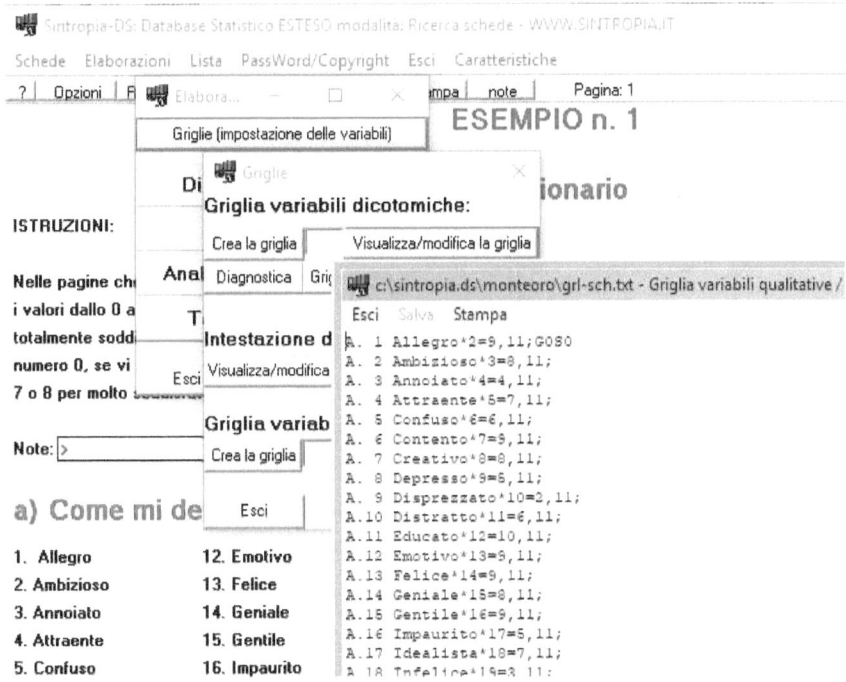

Nell'esempio, la prima variabile dicotomica è definita nel modo seguente:

A. 1 Allegro*2=9,11;

- "A. 1 Allegro" è il testo della variabile dicotomica.
- *2 è il campo nella scheda.
- =9,11 sono i valori che rendono vera la variabile dicotomica e che in questo esempio vanno da 9 a 11.

Sintropia-DS considera il valore 0 come valore mancante. Ma, in questo esempio, alle persone è stato chiesto di rispondere usando valori da 0 a 10. È stata utilizzata un'opzione che aumenta automaticamente i valori immessi di 1. Di conseguenza, nell'archivio le informazioni sono memorizzate da 1 a 11 e non da 0 a 10, dove 1 indica 0.

La traduzione della variabile "Allegro" nella forma dicotomica Sì/No ha utilizzato i valori mediani e non il valore centrale della scala 0-10. Quando non esiste alcuna ipotesi specifica, i risultati migliori si ottengono usando il valore mediano come punto di demarcazione, poiché questo valore massimizza la variabilità dividendo la distribuzione in due parti uguali.

Al fine di scegliere il migliore punto di taglio, le distribuzioni di frequenza vengono di solito analizzate. Poiché le persone usano maschere, il valore mediano delle domande positive è solitamente superiore a 5, mentre il valore mediano delle domande negative è solitamente inferiore a 5. Per decidere quale valore separa meglio il Sì dal No è necessario analizzare la distribuzione delle frequenze cumulate.

Valore	n.	%
0	9	0,92
1	5	1,44
2	12	2,67
3	4	3,08
4	14	4,52
5	59	10,57
6	99	20,74
7	175	38,71
8	239	63,24
9	81	71,56
10	277	100,00
Totale	**974**	

In questo esempio vediamo che il valore mediano viene raggiunto tra i valori 7 e 8. Di conseguenza i valori da 0 a 7 sono trattati come NO e valori da 8 a 10 come SÌ.

Su un totale di 1092 schede, sono stati utilizzati solo 974 schede nelle analisi dei dati. Ciò è dovuto al fatto che diversi questionari avevano troppe risposte mancanti o avevano dati chiaramente inventati, ad esempio sequenze come: 1, 2, 3, 4, 5, 6, 7, 8, 9, 10, 9, 8, 7, 6, 5, 4, 3, 2, 1, 0, 1, 2, ... Alla fine della scheda è stato aggiunto un campo per marcare se il questionario era valido o meno.

In questa applicazione la griglia è già presente. Possiamo quindi iniziare immediatamente le analisi dei dati. Ad esempio, scegliete il menu Elaborazioni, l'opzione Elaborazioni, Tabelle doppie e quindi il pulsante "Colonne":

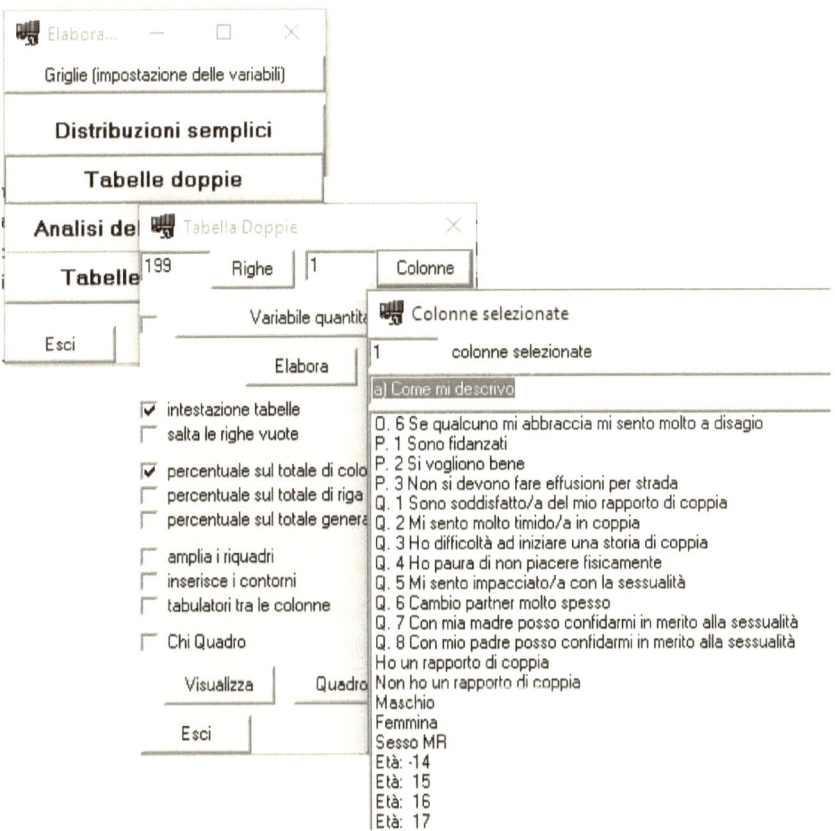

Selezione Maschio e Femmina alla fine della lista. Quindi uscite e selezionate il pulsante "Righe" e alla fine della lista l'Età. Uscite di nuovo e premete il pulsante "Elabora" e poi il pulsante "Visualizza":

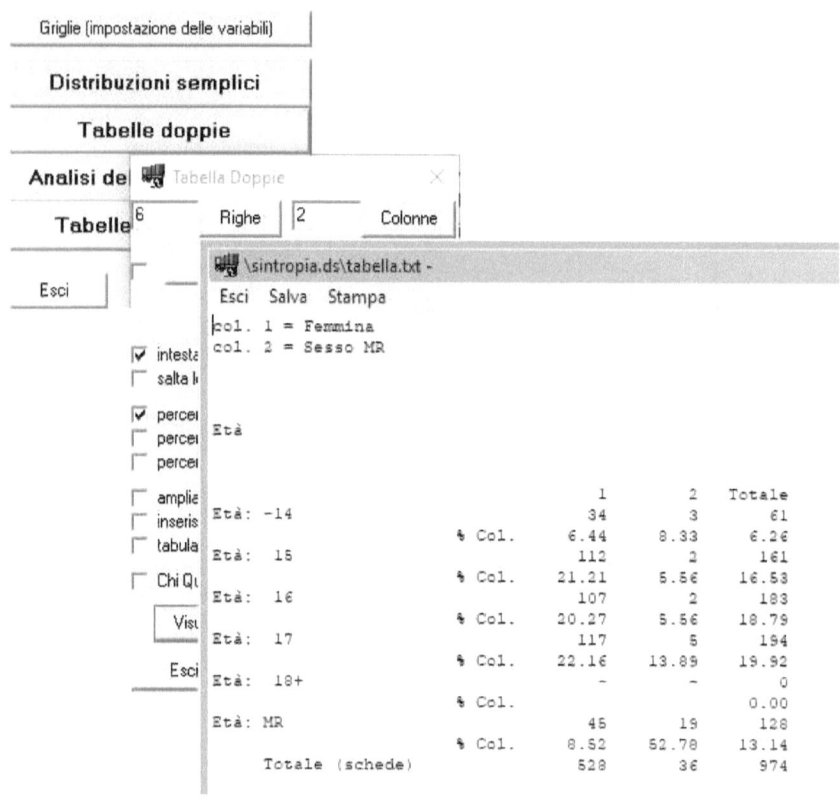

Avete prodotto la vostra prima tabella doppia!

Ora, invece di "Tabelle doppie", tornate indietro e scegliete "Analisi delle concomitanze". Nella finestra delle colonne scegliete "F.3 Mi sento angosciato". E nella finestra delle linee scegliete tutte le variabili dicotomiche premendo il tasto in fondo "Attiva".

Uscite, selezionate "Elabora" e quindi "Visualizza". Il risultato è relativo alla graduatoria delle correlazioni in base ai valori del Chi Quadrato ottenuti da "Mi sento angosciato".

Questa è una tabella di concomitanze!!!

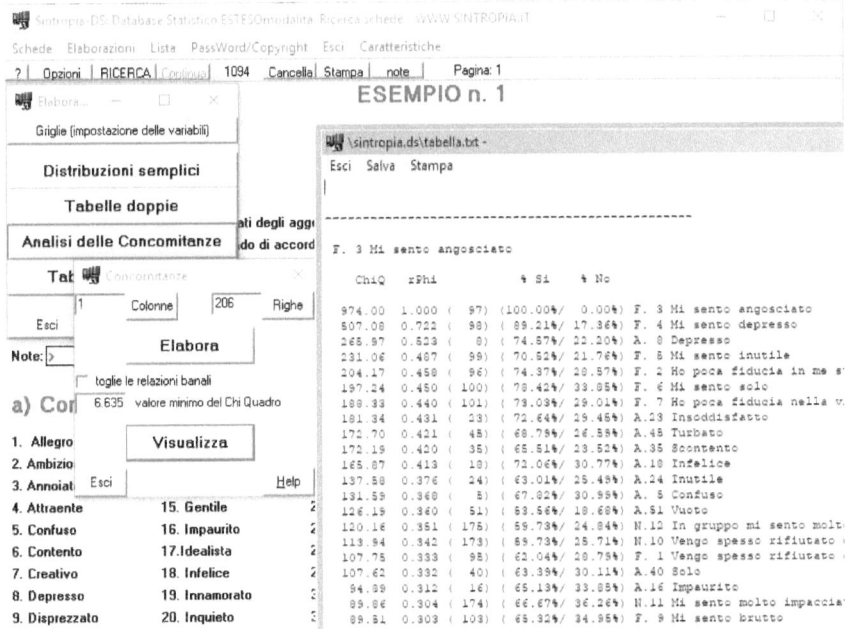

In questa tabella delle concomitanze leggiamo che mi sento angosciato è fortemente correlato (concomitante) con mi sento depresso, mi sento inutile, ho poca fiducia in me stesso, mi sento solo, ecc.

Le ipotesi scientifiche non sono nient'altro che affermazioni di correlazioni (concomitanze).

La metodologia delle variazioni concomitanti consente di gestire assieme un numero illimitato di variabili e di confrontare in questo modo diverse ipotesi, mantenendo traccia allo stesso tempo del contesto. Le tabelle delle concomitanze analizzano tutte le possibilità e forniscono come risultato l'elenco di quelle possibilità che sono empiricamente supportate dai dati.

Altri archivi sono presenti nella cartella sintropia.ds.

Per scegliere un altro archivio selezionare l'opzione "Apri archivio" dal menu "Schede", selezionate la cartella e quindi il file "DataStat.Dat":

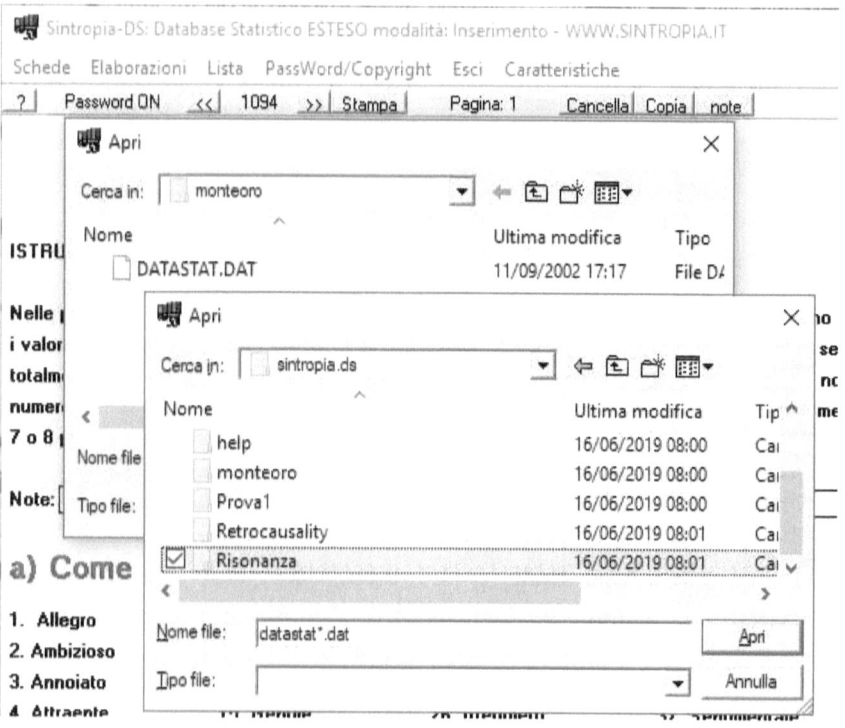

Scegliete l'archivio "Risonanza"

Andate all'opzione "Elaborazioni" del menu Elaborazioni e scegliete "Analisi delle Concomitanze".

Scegliete nelle colonne "Confident in the future" e nelle Righe tutte le variabili del questionario. Premete il pulsante "Elabora" e quindi "Visualizza".

Nella finestra di output vengono visualizzate le concomitanze tra la domanda "Confident in the future" e le altre domande del questionario.

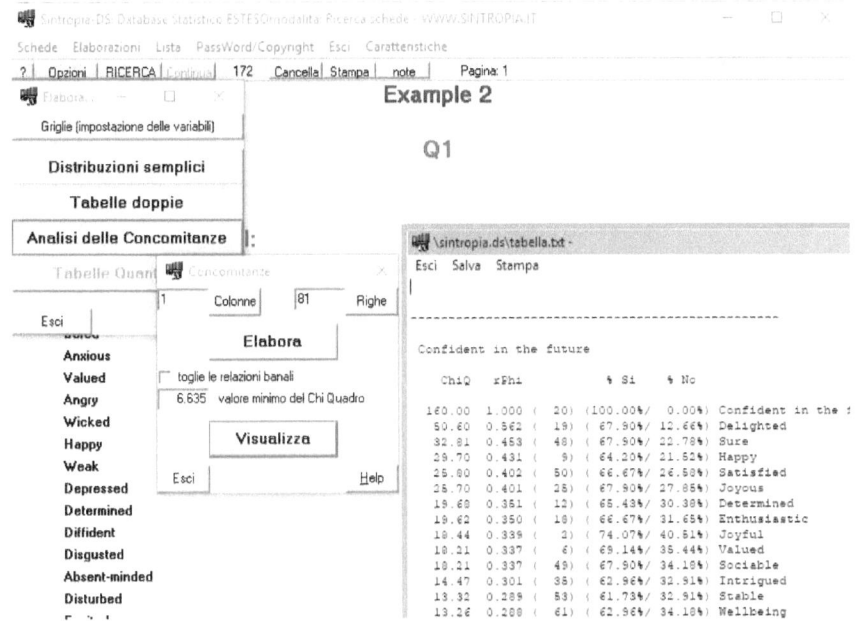

È importante prestare attenzione alla nozione di "unità statistica" che in Sintropia-DS corrisponde alla scheda.

La nozione di unità statistica è fondamentale nell'analisi delle concomitanze, poiché implica l'unità delle informazioni per mezzo della quale è possibile studiare le concomitanze. Ogni archivio Sintropia-DS è una raccolta di schede di unità statistiche. Nel caso della risonanza l'unità statistica è la risposta al questionario.

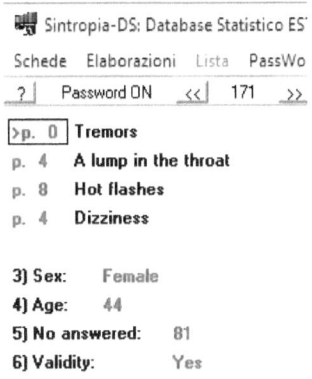

La metodologia delle variazioni concomitanti studia le concomitanze all'interno delle unità statistiche. Pertanto è sempre molto importante scegliere correttamente l'unità statistica. Mentre quando si utilizza la metodologia delle differenze l'unità non esiste, esistono i gruppi e le differenze e le varianze sono calcolate tra i gruppi.

Ora andiamo all'archivio "Retrocausality".

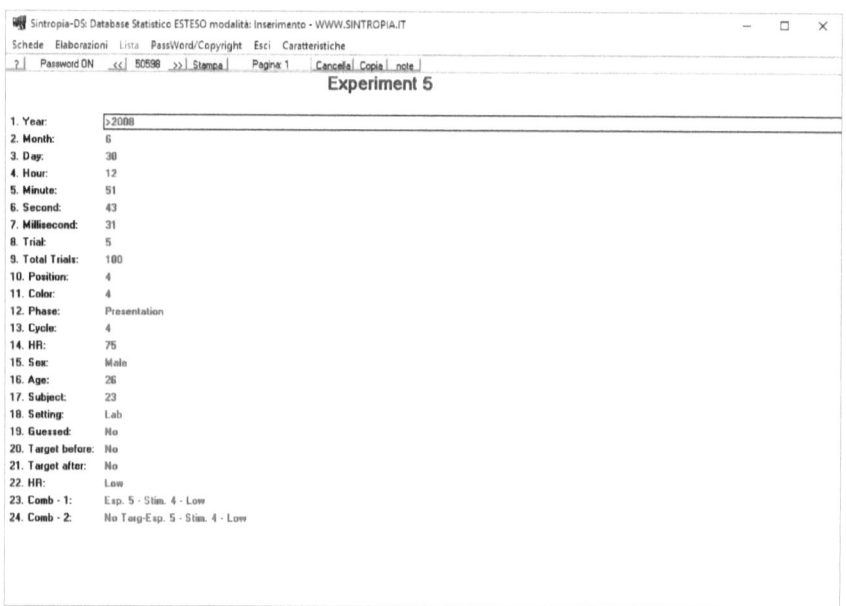

- *Trasformazione nella forma dicotomica*

Sintropia-DS elabora i dati utilizzando una scheda virtuale in cui le informazioni sono tradotte in variabili dicotomiche. La griglia indica come tradurre i dati della scheda originaria nella forma dicotomica. Le variabili dicotomiche (0/1) sono la forma più semplice di dati. Qualsiasi tipo di informazione, qualitativa o quantitativa, può essere tradotta in una o più variabili dicotomiche. Con le variabili dicotomiche è possibile gestire assieme informazioni quantitative e qualitative, soggettive e oggettive e ciò consente di realizzare analisi complesse.

In modo simile ai computer che partendo dal bit di informazione (0/1) riproduce le applicazioni più complesse.

Quando la griglia che traduce le informazioni nella forma dicotomica non è presente, le opzioni di analisi dei dati non sono attive. Scegliete allora l'opzione "Griglia (impostazione delle variabili)" e premete il pulsante "Crea la griglia". Ogni riga della griglia definisce una variabile dicotomica. Una riga ha l'etichetta, il numero del campo, l'intervallo che imposta la variabile dicotomica come vera e altre informazioni che indicano se la variabile è la prima di una tabella (gruppo), se fa parte di una tabella con più risposte, se è la prima variabile di una tabella sinottica, se le percentuali devono utilizzare una variabile filtro come totale.

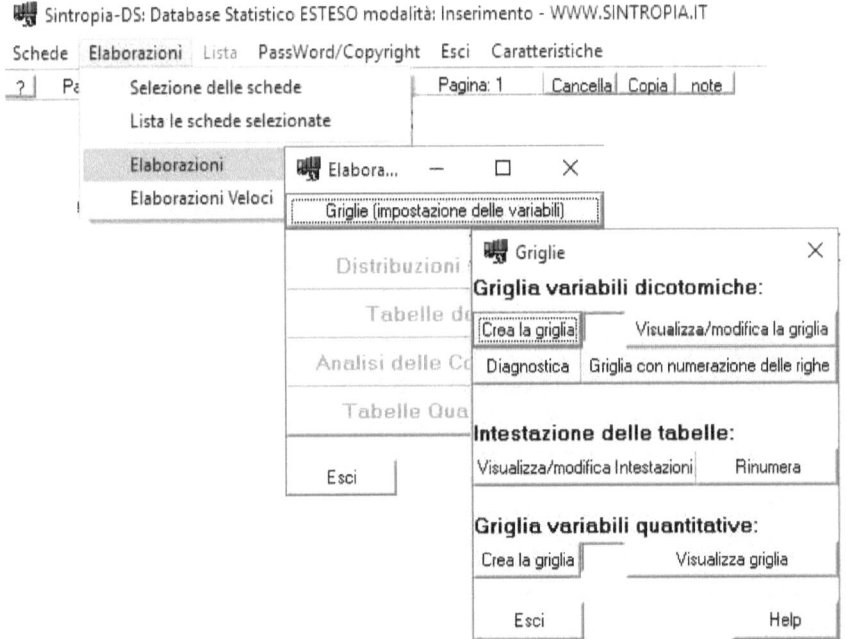

L'esempio seguente mostra la definizione di 3 variabili dicotomiche

che fanno tutte parte della stessa tabella.

1. Attivo*1=1,1;G0S0
1. Annullato*=2,2;
1. MR*=0,0;

La prima variabile dicotomica "1. Attivo" si riferisce al campo numero 1 (* 1), ed è vero se i valori vanno da 1 a 1 (=1,1;). È la prima variabile di una tabella (G) che non è presa da una domanda a risposta multipla (0, altrimenti si inserisce il numero di risposte), non fa parte di una tabella sinottica (S, altrimenti il carattere piccolo s verrebbe usato), non usa i totali di una variabile filtro (0).

La seconda variabile "2. Annullato" si riferisce alla stessa tabella (per questo motivo il numero del campo è omesso), l'intervallo che rende vera la variabile dicotomica è (=2,2;), non è la prima variabile di una tabella.

La terza variabile dicotomica "1. MR "è relativa alla risposta mancante. Con le risposte codificate (che si riferiscono alle liste) la risposta mancante ha valore zero, mentre con la variabile quantitativa la risposta mancante è -32.000 e con le variabili quantitative lunghe è meno 9.999.999.

Il file della griglia viene salvato nella stessa cartella dell'archivio in un file di testo chiamato "grl-sch.txt". Le intestazioni delle tabelle vengono salvate in un file chiamato "tin-sch.txt". Quando si modifica la griglia, è possibile rimuovere intere tabelle. Quando ciò accade, anche la loro intestazione deve essere rimossa dal file "tin-sch.txt". Le intestazioni di tabelle sono organizzate nel modo seguente:

001 ◄ numero progressivo della tabella

Tabella 1 - Status della scheda ◄ testo della tabella (si possono utilizzare anche più righe)
/// ◄ fine

Ad esempio:

    001

    Tabella 1 Status della scheda:
    ///
    002

    Date:
    ///
    003

    Sesso:
    ///

Dopo aver modificato le intestazioni è necessario utilizzare il pulsante "rinumera" che è presente nella finestra "Griglia", per essere sicuri che i numeri delle intestazioni delle tabelle siano progressivi.

Quando il file grl-sch.txt supera i 32k (32.000 caratteri) è necessario utilizzare un editor di testo. Le video scritture spesso aggiungono caratteri speciali che interferiscono con Sintropia-DS, pertanto si consiglia di utilizzare editor semplici, tipo "Blocco note" disponibile con Windows.

Dopo aver modificato il file grl-sch.txt, utilizzate il tasto di diagnostica per verificare la presenza di errori. È una buona abitudine usare questa opzione prima di iniziare l'analisi dei dati.

Una griglia separata è presente per le variabili trattate come quantitative (somme, valore medio e deviazione). La griglia è molto semplice, il primo valore è relativo al campo nel database, il secondo all'etichetta, il terzo allo stato (tabella sinottica e inizio di una tabella). "S" segna l'inizio di una tabella sinottica G l'inizio di una tabella.

Per esempio:
33*dottori *SG
34*infermieri *s
35*volontari*s

- *Elaborazioni*

La prima opzione "Selezione delle schede" viene utilizzata per selezionare gruppi di schede.

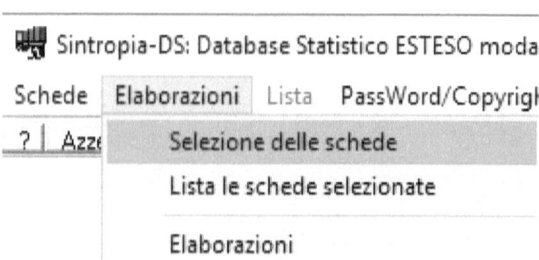

La selezione delle schede rimane attiva finché non viene effettuata una nuova selezione.

La selezione delle schede mostra la scheda di immissione dei dati e le condizioni di selezione vengono inserite direttamente nella scheda. Se non vengono inserite condizioni, verranno selezionate tutte le schede, quando vengono inserite le condizioni verranno selezionate solo le schede che soddisfano le condizioni inserite.

Comandi:

– scegliere il campo in cui si desidera inserire una condizione di ricerca, premere il tasto "C" per aprire la finestra che consente di inserire le condizioni. Se nessuna finestra si apre significa che il cursore è posizionato su un campo di testo.

– Quando una condizione di ricerca è presente in un campo, il programma mostra il carattere "=" (uguale). Per selezionare i record che differiscono dalla condizione di ricerca, premere il tasto "#" o "=", e verrà visualizzato il carattere "#".

– Se si desidera attivare le distribuzioni di frequenza, premere il tasto "S", il programma mostrerà "St" nel campo selezionato.

- Se si desidera utilizzare una variabile quantitativa come unità, selezionare il campo della variabile quantitativa e premere il tasto "Q". Per ricordare che il valore di quel campo sarà usato come unità, viene mostrato il carattere Q.

Nella parte superiore della pagina viene visualizzata la seguente riga di comando:

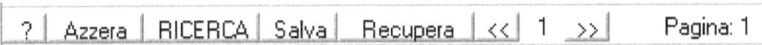

Per selezionare le schede premete il pulsante RICERCA e selezionate nella finestra Prima RICERCA.

Le opzioni della linea di commando sono:

- "?", apre l'help relativo a questa sezione.
- "Azzera", apre la finestra "Azzera" che consente di cancellare tutte le condizioni inserite e le distribuzioni statistiche. Quando le schede sono divisi in più pagine, è buona abitudine azzerare le condizioni, usando questa opzione, prima di iniziare ad inserire nuove condizioni per una nuova ricerca.
- "RICERCA", apre la finestra di ricerca. Solitamente viene utilizzata solo l'opzione "Prima RICERCA". Se volete aggiungere una nuova ricerca a una selezione già esistente usate "Aggiunge

RICERCA", se volete aprire una selezione di schede già esistente usate l'opzione "Legge RICERCA", in questo caso la selezione esistente verrà intersecata (AND) con la selezione presente.
- "Salva", consente di salvare la selezione e le condizioni di selezione.
- "Recupera", consente di leggere le selezioni salvate in precedenza e le condizioni di ricerca.

Il livello più semplice di analisi dei dati sono le distribuzioni di frequenza. Le variabili vengono trattate separatamente e le variazioni concomitanti non vengono calcolate.

Tornate all'archivio iniziale "MonteOro" (adesso vi trovate in un archivio diverso) andando al menù "Schede" e quindi "Apri archivio" e selezionate MonteOro, l'archivio relativo ai questionari sull'insoddisfazione tra gli adolescenti.

Scegliete dal menu "Elaborazioni" l'opzione "Elaborazioni", quindi "Distribuzioni semplici" e poi il pulsante "Righe". Se le linee sono già selezionate, premi "Disattiva". Andate alla fine dell'elenco e selezionate il sesso e l'età (che trovate in fondo alla lista).

Uscite da questa finestra e premete il tasto "ELABORA" e quindi il tasto "VISUALIZZA". La distribuzioni di frequenza sarà mostrata.

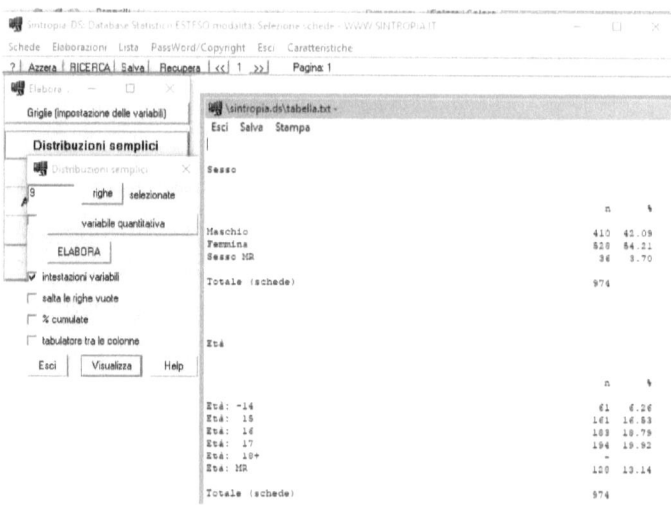

In questa tabella leggiamo che su un totale di 974 soggetti 410 erano maschi e 528 femmine, mentre 36 non hanno risposto a questa domanda.

Le tabelle doppie vengono utilizzate per studiare le concomitanze tra due variabili. Per produrre tabelle doppie scegliere l'opzione Elaborazioni e quindi Tabelle doppie. Scegliete le linee (ad esempio sesso ed età) e le colonne, ad esempio Maschio e Femmina.

Premete il tasto "ELABORA" e quindi "Visualizza".

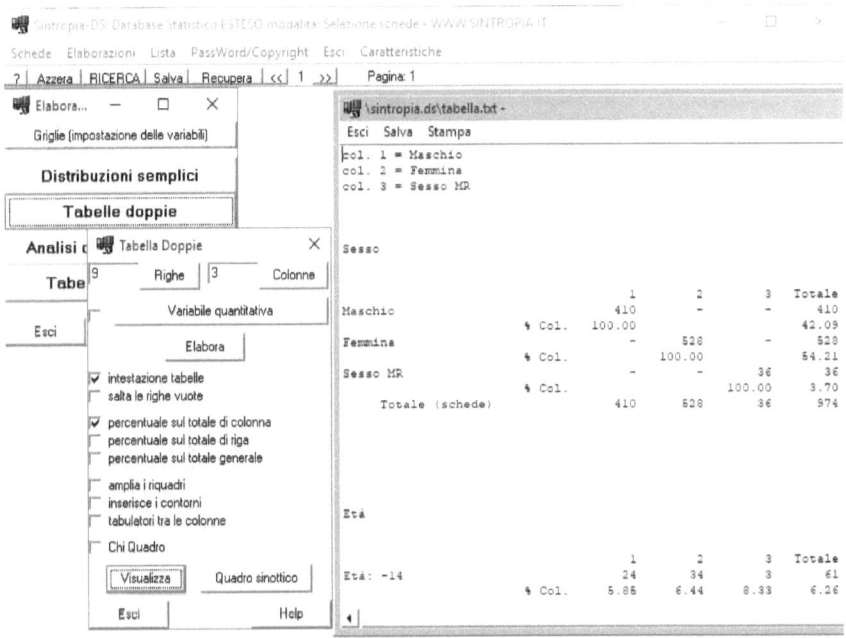

La prima colonna della tabella è relativa ai "Maschi", la seconda colonna alle "Femmine" e la terza alle mancate risposte alla variabile "sesso". La prima tabella è relativa all'incrocio della variabile sesso con se stessa e le frequenze appaiono perciò solo nella diagonale della tabella. La seconda variabile è relativa al sesso e vediamo che fino ai 14 anni ("-14") i maschi sono 24, le femmine 34 e le mancate risposte 3.

Il problema con le tabelle doppie è che una concomitanza potrebbe verificarsi in una sola cella e che possiamo gestire fino a 4.000 tabelle doppie, con un totale di 16 milioni di tabelle possibili. Questa dimensione di dati è semplicemente impossibile da leggere!!! Le tabelle delle concomitanze risolvono questo problema.

Per esempio, se utilizziamo la stessa selezione di linee e colonne otteniamo:

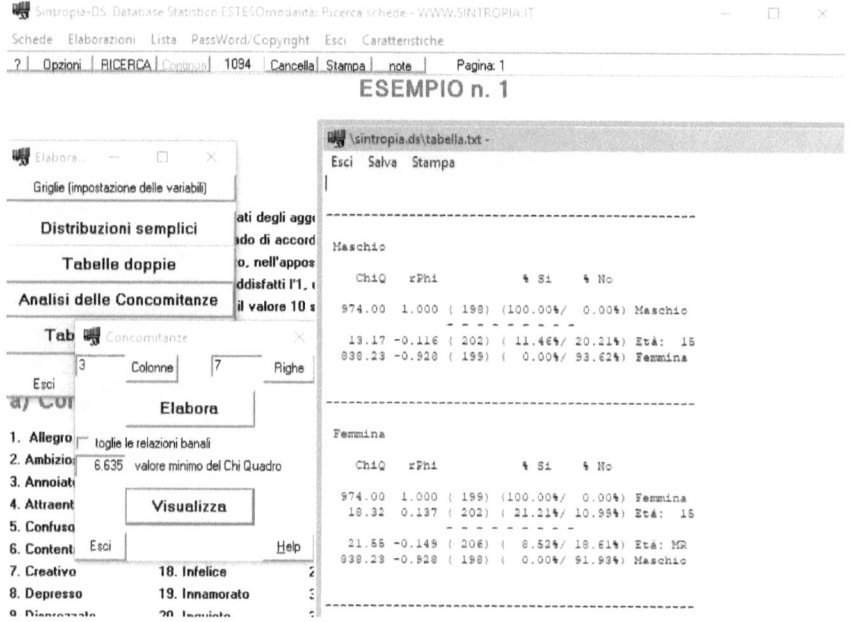

L'unica concomitanza "negativa" significativa è osservata con la classe di età "15 anni". Le percentuali mostrano che in questa classe di età abbiamo l'11% di maschi contro il 20% delle femmine.

Con un valore di Chi Quadrato di 3.841 il rischio di affermare una concomitanza che non esiste è del 5%; con un valore Chi quadrato di 6,635 il rischio è dell'1% e con un valore Chi quadrato di 10,827 il rischio è 1/1000. Quando il rischio è pari o inferiore all'1%, la concomitanza è generalmente considerata statisticamente significativa. In questo esempio il valore del Chi Quadrato è di 13,17, l'errore di rischio è quindi nettamente inferiore all'un per mille.

Le tabelle di correlazione possono riepilogare un numero elevato di tabelle in una sola pagina. Ad esempio, scegliete come unica colonna la variabile dicotomica "F.4 Mi sento depresso" e tutte le altre 195 variabili del questionario come linee, quindi premete Elabora e poi Visualizza.

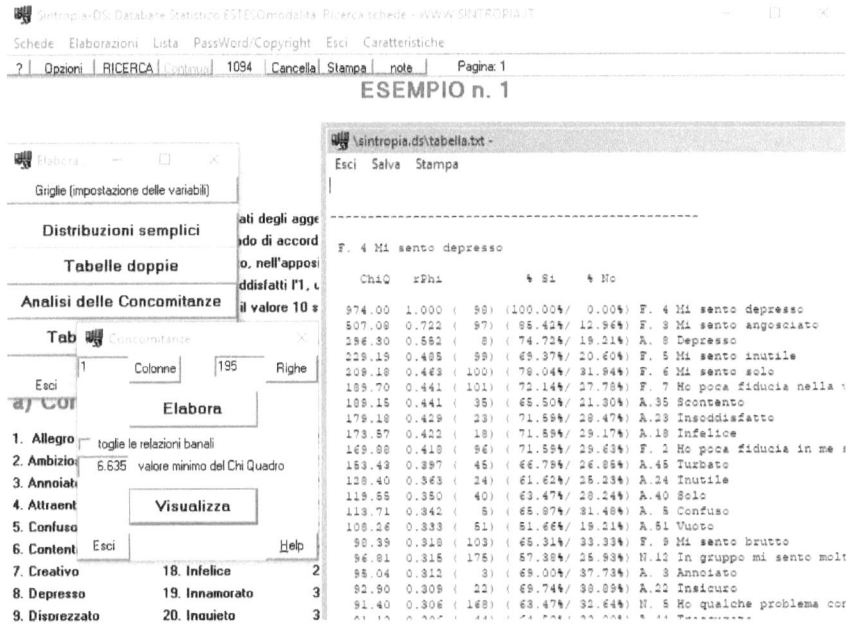

Ottenete così l'elenco di ciò che è correlato con depresso. Prima di tutto troviamo "Mi sento angosciato", quindi "Mi sento inutile", "Mi sento solo", "Ho poca fiducia nella vita", ecc. ...

Una descrizione più analitica di questa tecnica è disponibile nel numero 2005 del Syntropy Journal.[50]

---

[50] http://www.sintropia.it/journal/index.htm

- Analisi fattoriale

Nello sviluppo di una teoria scientifica, sei criteri sono considerati fondamentali:[51]

- *Semplicità*: una teoria dovrebbe incarnare il minor numero possibile di "entità" (questo criterio è noto come Rasoio di Occam.
- Pochi o preferibilmente *nessun parametro che viene aggiustato.*
- Dovrebbe essere *matematicamente coerente.*
- Dovrebbe *soddisfare tutti i dati* noti, compresi dati non spiegati o anomali, o dati archiviati come "coincidenze" in base alle teorie precedenti.
- Dovrebbe *obbedire alla causalità*: ogni effetto dovrebbe avere una causa (in avanti o indietro nel tempo).
- Dovrebbe essere *falsificabile*, cioè dovrebbe portare alla formulazione di previsioni verificabili.

Il primo criterio noto come Rasoio di Occam è stato formulato da Guglielmo di Occam (1295-1349) e afferma (in latino) che *"Entia non sunt moltiplicheranda praeter necessitatem"*: gli elementi non vengono moltiplicati se non è necessario farlo. In altre parole, la tendenza delle leggi universali è quella dell'economia e della semplicità: viene utilizzato il numero più basso possibile di enti. La scienza dovrebbe quindi evolvere da modelli complessi a modelli semplici, e in ogni dimostrazione dovrebbe essere sempre utile utilizzare il numero più basso possibile di entità.

Il criterio di Occam si basa sul fatto che l'universo mostra sempre una tendenza all'economia. Ad esempio, il DNA, che è alla base della vita e che ora è considerato l'entità più complessa, codifica le informazioni utilizzando 4 basi azotate. La teoria della complessità mostra che 3 non sarebbero stati sufficienti, mentre 5 sarebbero stati

---

[51] Hotson D.L. (2002), Dirac's Equation and the Sea of Negative Energy, Infinite Energy, 43: 2002.

ridondanti; Il DNA avrebbe potuto utilizzare un numero illimitato di elementi, ma solo 4 erano necessari e solo 4 sono stati utilizzati. Allo stesso modo, per produrre materia stabile, erano necessarie solo 3 particelle: elettroni, protoni e neutroni, e di nuovo solo 3 particelle sono state utilizzate. La scienza dell'informazione mostra che è possibile generare qualsiasi tipo di complessità semplicemente partendo da due elementi: sì/no, vero/falso, 0/1, +/-.

L'analisi fattoriale è in grado di individuare le strutture i "fattori" che sottendono alle strutture e ai fenomeni naturali, aiutando così nella formulazione di teorie.

Rappresenta le variabili dicotomiche originali in uno spazio cartesiano multidimensionale che ha tante dimensioni quanti sono gli assi fattoriali. La correlazione tra le variabili dicotomiche e gli assi fattoriali sono usate come coordinate fattoriali. In questo modo, intersecando qualsiasi coppia di fattori, è possibile rappresentare ogni variabile su di un piano, dove la vicinanza spaziale di due variabili indica correlazione/concomitanza.

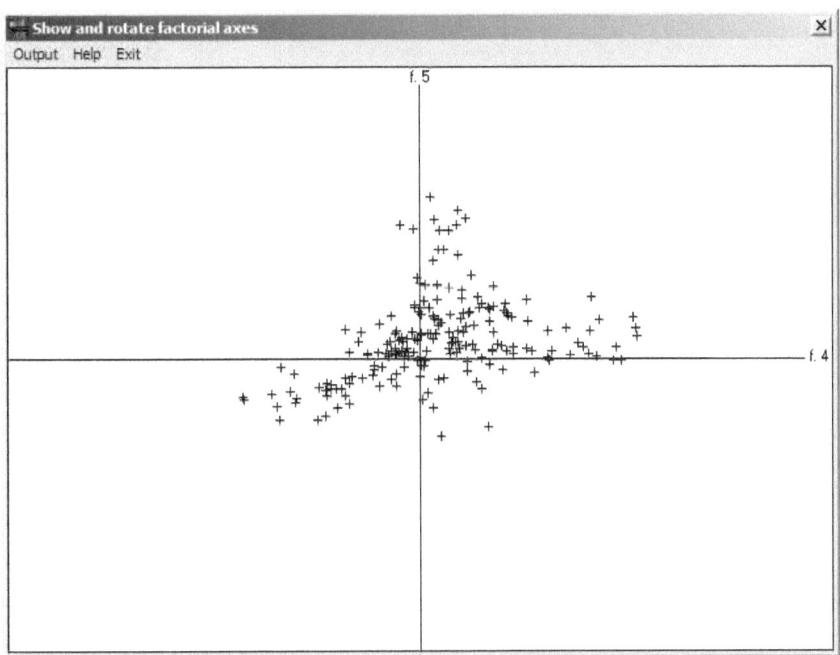

Nell'esempio relativo all'insoddisfazione tra gli adolescenti, disponibile con il software Sintropia-DS, il primo fattore raggruppa assieme:

```
----- Fattore 1

Mi sento angosciato
Mi sento depresso
Mi sento inutile
Mi sento solo
```

Questo fattore suggerisce la forte correlazione tra depressione, ansia, solitudine e senso di inutilità, come previsto dalla Teoria dei bisogni vitali.

Mentre il secondo fattore raggruppa:

```
----- Fattore: 2

Mi sento motivato a studiare
La scuola è importante per il mio futuro
Mi piacciono le materie scolastiche
I parenti ci vengono spesso a trovare
Vengo valutato bene dai professori
Andiamo spesso a trovare I parenti
Vivo in una famiglia benestante
Sono ambizioso
```

Che suggerisce il legame tra classe sociale, coesione familiare e motivazione allo studio.

Per accedere alla sezione Fattori, selezionate il menu Elaborazioni, quindi Elaborazioni veloci e Analisi fattoriale e tipologie.

Nell'esempio che segue abbiamo appena premuto il pulsante Visualizza i risultati, che mostra i risultati dell'ultima analisi fattoriale.

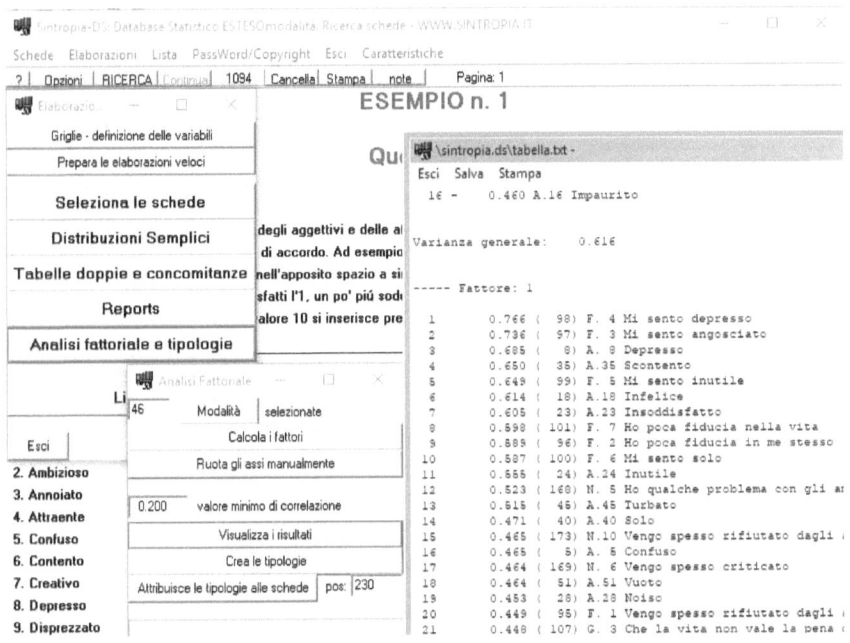

Sintropia-DS implementa il metodo di analisi fattoriale descritto da Raymond B. Cattell nel libro "L'uso scientifico dell'analisi di fattoriali nelle scienze comportamentali e biologiche".[52]

Se l'obiettivo è di studiare la depressione selezioniamo il menu Statistiche, quindi l'opzione Analisi veloci, Tabelle doppie e concomitanze e nelle Colonne selezioniamo "F.4 Mi sento depresso" mentre nelle Righe selezioniamo tutte le variabili dicotomiche. Impostiamo anche il valore Chi quadrato ad un valore minimo di 50, premiamo Concomitanze e otteniamo le correlazioni/concomitanze della variabile Depressione con le altre variabili del questionario (con valori del Chi Quadro superiori a 50).

---

[52] Cattell R.B. (1956), The scientific use of factor analysis, www.amazon.it/dp/1468422642

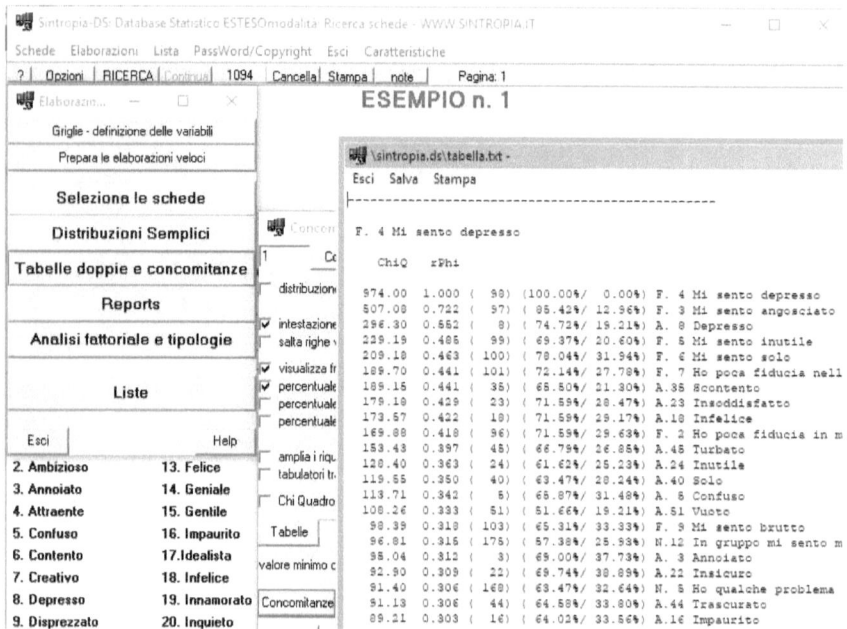

Passiamo quindi all'analisi Fattore (che troviamo nel menu Elaborazioni ed opzione Elaborazioni veloci).

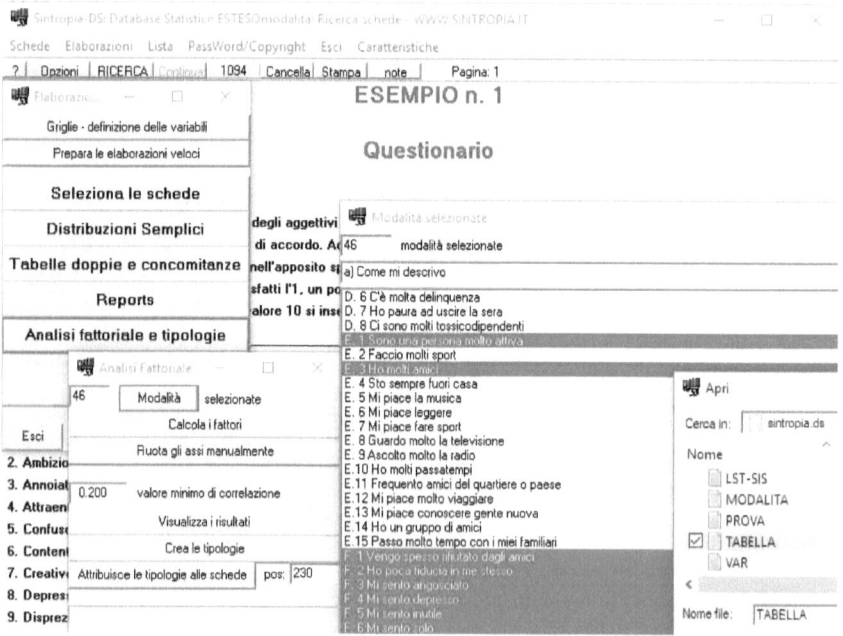

Scegliamo il primo pulsante Modalità e quindi Leggi concomitanze. Apparirà una finestra e selezioniamo il file Tabella.Txt (che ha l'elenco delle correlazioni/concomitanze che abbiamo appena visualizzato prima relativamente alla depressione). Il programma attiva in questo modo solo le variabili dicotomiche che hanno almeno un valore di correlazione di Chi Quadrato 50 con "mi sento depresso".

Usciamo dalla finestra "Modalità selezionate" e premiamo il pulsante "Calcola i fattori", che troviamo nella finestra Analisi fattoriale. Il programma calcola gli assi fattoriali. Tuttavia prima di leggere i risultati è necessario ruotare gli assi fattoriali. La ragione è che gli assi fattoriali devono coincidere con le strutture fattoriali, altrimenti potremmo leggere come appartenenti allo stesso gruppo variabili che nei fatti non sono correlate. Quando gli assi fattoriali vengono ruotati, i risultati diventano stabili.

Per ruotare gli assi dei fattori, premere il pulsante Ruota gli assi manualmente e verrà presentata l'intersezione degli assi 1 e 2 (la procedura qui descritta è denominata MaxPlane).

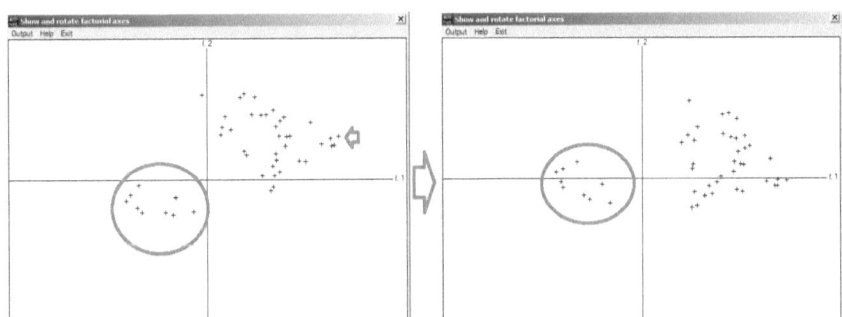

Vediamo che la struttura di sinistra non è sull'asse f.1. Per ruotare il piano e avere questa struttura sull'asse f.1 selezioniamo con il mouse l'area indicata dalla freccia rossa (sul quadrante positivo). Otteniamo così la rotazione con la nuova configurazione (visualizzata sulla destra).

Questa procedura deve essere ripetuta per tutte le combinazioni degli assi fattoriali. Per andare al prossimo piano f.1, f.3. facciamo clic sul testo f.2. Otteniamo la seguente intersezione.

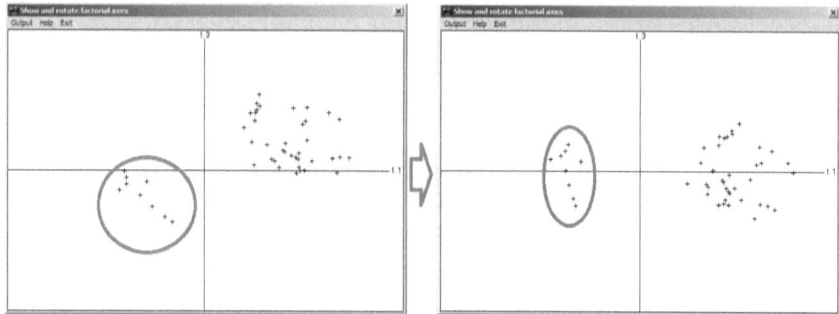

Ruotiamo il piano in modo che entrambe le strutture tendano ad essere sull'asse. Passiamo quindi al piano f1, f.4 che mostra:

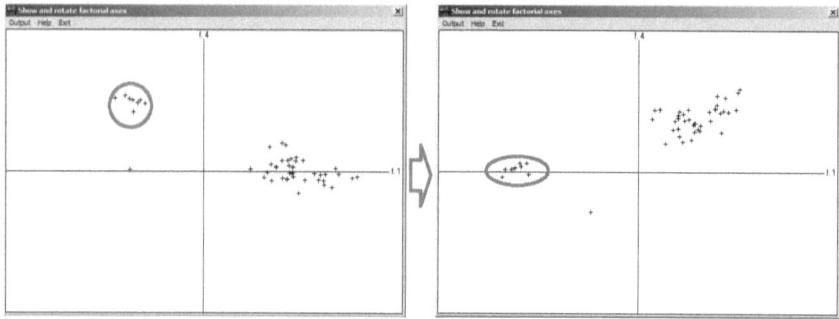

Non è conveniente ruotare questo piano, poiché lo spostamento della struttura a sinistra sull'asse sposterebbe la struttura a destra, che è ha un numero maggiore di variabili. Quando finiamo di ruotare l'asse 1 con tutti gli altri assi, iniziamo con l'asse 2 e così via. Quando finiamo questo processo, possiamo leggere i risultati:

```
----- Fattore: 1
     1         0.766  (  98)  F. 4 Mi sento depresso
     2         0.736  (  97)  F. 3 Mi sento angosciato
     3         0.685  (   8)  A. 8 Depresso
     4         0.650  (  35)  A.35 Scontento
     5         0.649  (  99)  F. 5 Mi sento inutile
     6         0.614  (  18)  A.18 Infelice
     7         0.605  (  23)  A.23 Insoddisfatto
```

```
----- Fattore: 2
   1        0.556 ( 139)  I. 9 Ero molto solo
   2        0.476 (   9)  A. 9 Disprezzato
   3        0.461 (  44)  A.44 Trascurato
   4        0.433 (  40)  A.40 Solo
```

Il modello fattoriale utilizzato in Sintropia-DS (AFC – Analisi in fattori comuni) differisce dal modello delle componenti principali (ACP – Analisi in Componenti Principali), che si trova normalmente nei software statistici. Il modello ACP utilizza tutta la varianza delle variabili nelle rappresentazioni fattoriali, mentre il modello AFC utilizza solo ciò che è comune tra le variabili. In altre parole, l'ACP presuppone che il sistema sia chiuso e che si conoscano tutte le variabili, mentre il modello AFC presuppone che il sistema sia aperto e che si conoscano solo un numero limitato di variabili. Il modello ACP funziona bene quando è applicato a sistemi meccanici (ad esempio lo studio delle traiettorie dei pianeti), mentre produce risultati instabili quando è utilizzato nelle scienze della vita. Il modello AFC, invece, produce risultati robusti se applicato alle scienze della vita.

Raymond Cattell descrive questa situazione nel modo seguente:

"La maggior parte dei ricercatori riconosce che ciò che accade nella maggior parte dei campi scientifici è rappresentato meglio dal modello fattoriale rispetto al modello delle componenti principali. Anche in un ampio insieme di variabili, non raccogliamo mai tutte le fonti di influenza che rappresenteranno effettivamente la varianza di ognuna di esse. L'analisi non può essere trattata, come il modello delle componenti principali cerca di fare, come un sistema completo, autoesplicativo. È probabile che ciascuna variabile sia influenzata da alcune influenze non coperte dalle variabili presenti nella matrice delle correlazioni. ... i programmatori includono nei pacchetti statistici tecniche matematiche e numerosi utenti di analisi fattoriale, che si fidano dei tecnici informatici, interpretano i risultati giungendo a conclusioni fuorvianti che vengono citate acriticamente nelle riviste scientifiche ... questa accuratezza matematica, può facilmente diventare pedanteria ... Un avvertimento

dovrebbe avvisare i ricercatori di affidarsi ai programmi di analisi fattoriale solo quando sanno chiaramente che cosa implicano. ... Rifiutiamo l'approccio dell'analisi delle componenti principali in quanto non ha alcuna relazione con modelli di relazioni stabili e replicabili identificabili in tutto il mondo naturale."

Sfortunatamente il modello delle componenti principali (ACP) è oggi ampiamente usato in economia, finanza, biologia, psicologia e sociologia e il modello dei fattori comuni (AFC) è invece difficile da trovare nei software statistici.

I risultati delle analisi fattoriali realizzati con l'ACP sono perciò fuorvianti e di scarso o nullo valore scientifico e portano i ricercatori ad utilizzare questa tecnica per poter affermare tutto e il contrario di tutto.

- Opzioni

Non tutte le informazioni possono essere utilizzate per le analisi statistiche. Ad esempio i testi, nomi/indirizzi, di solito non vengono analizzati. La codifica dei dati offre vari vantaggi:

— *Dimensioni*: mentre un numero (da 0 a 255) richiede un byte di memoria, un testo richiede tanti byte quanti sono i caratteri che sono stati riservati, ad esempio CON (per Coniugato) richiede 3 byte.
— *Riduzione degli errori*: il rischio di commettere errori si riduce. Il programma accetta solo le etichette che sono nella lista, non è possibile inserire un'etichetta diversa o un codice al di fuori dei codici presenti nella lista.
— *Immissione dei dati veloce e semplice*: le etichette possono essere completate dal programma e al posto dell'etichetta può essere inserita la codifica (numero) con la pressione di un solo tasto. La ricerca diventa facile, grazie agli elenchi di etichette che riassumono le informazioni presenti nel database.

- *Elaborazioni immediate*: quando viene selezionato un gruppo di schede, le distribuzioni di frequenza possono essere prodotte automaticamente su tutti i campi codificati. Ad esempio, se selezioniamo solo la popolazione sposata, con un diploma universitario, possiamo vedere automaticamente tutte le distribuzioni di frequenza per gli altri campi.
- *Ricerca scientifica*: oltre a produrre distribuzioni di frequenza, gli archivi statistici consentono di studiare le concomitanze tra le variabili utilizzando tabelle doppie, correlazioni/concomitanze e analisi fattoriali. Aprendo così la strada alle analisi scientifiche dei dati.

Di conseguenza, quando si scelgono le domande di una scheda, si dovrebbe prestare attenzione a come le informazioni saranno codificate.

La struttura di un archivio Sintropia-DS è simile a come è stata scritta la scheda. Se la nostra scheda è:

```
Numero progressive del soggetto:
Pressione sanguigna prima:
Ha ricevuto il farmaco? Sì/No
Pressione sanguigna dopo:
```

La struttura dell'archivio Sintropia-DS è la seguente:

```
Archivio di esempio
*T
Numero progressive del soggetto:
*CQ X200
*T
Pressione sanguigna prima:
*CQ
```

```
*T
Ha ricevuto il farmaco?
*CC
Sì
No
*T
Pressione sanguigna dopo::
*CQ
```

Nella prima riga inseriamo un titolo, che ci serve per ricordare il progetto su cui stavamo lavorando. *T è seguito da un testo, *C da un campo. I campi possono essere di vari tipi, ad esempio possono essere campi quantitativi *CQ o che fanno riferimento ad elenchi di modalità *CC.

La struttura dell'archivio deve essere scritta utilizzando un editor ASCII, ad esempio Blocco Note di Windows, e salvata con il nome scheda.txt (l'estensione .txt viene solitamente fornita automaticamente) in una cartella dedicata all'archivio. Per questo esempio abbiamo creato la cartella "1" in sintropia.ds.

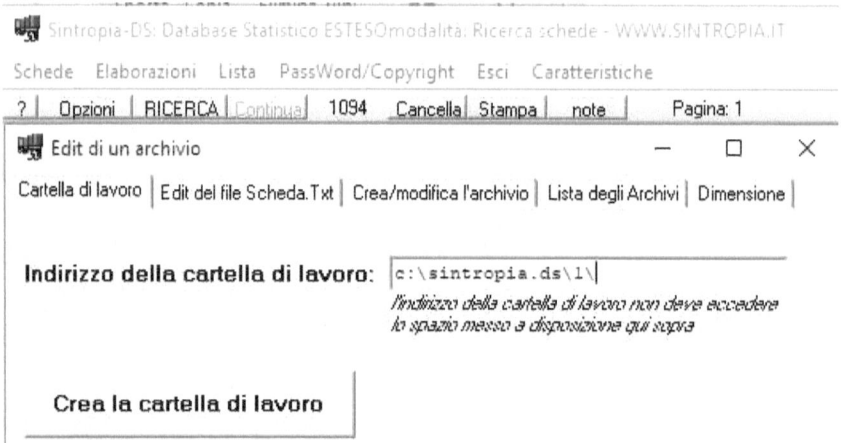

Quando entriamo in Sintropia.DS viene mostrato l'ultimo archivio su cui stavamo lavorando. Scegli il menu "Schede" e l'opzione "Edit e

creazione" e inserisci l'indirizzo della cartella (in questo esempio "c:\sintropia.ds\1\") dove è stato salvato il file scheda.txt con la struttura dell'archivio. Scegli "Crea/modifica l'archivio" e "Crea l'archivio per la prima volta."

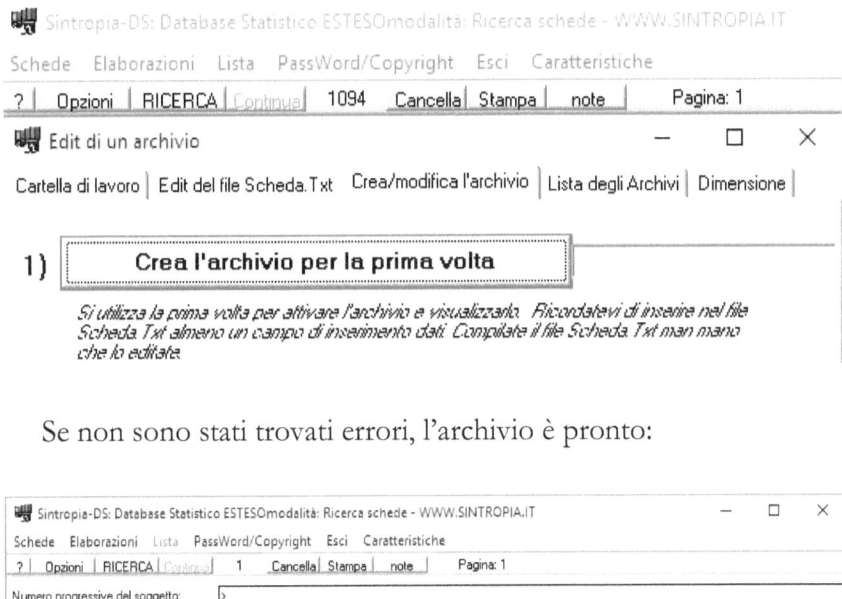

Se non sono stati trovati errori, l'archivio è pronto:

Per iniziare ad inserire i dati è necessario selezionare l'opzione inserimento/modifica del menù Schede. Ogni volta che entriamo in Sintropia-DS il programma è su Inserimento/modifica, nella prima scheda libera alla fine dell'archivio. Quando siamo in inserimento/modifica, appena sotto ai menu viene mostrata una riga di comando:

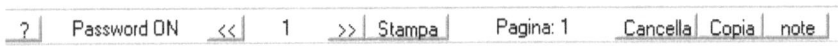

- Il primo pulsante "?" Consente di accedere alla sezione della guida.

- Tra il primo e il secondo pulsante viene mostrato lo stato della password. I dati vengono salvati o modificati solo quando la password è ON. Se la password è OFF, è necessario uscire dal programma ed entrare di nuovo inserendo la password corretta. Quando si installa per la prima volta il programma, la password è "SINTROPIA" (scritta in lettere maiuscole). È possibile modificare la password utilizzando l'opzione "Password" del menu.
- Il secondo pulsante "<<" consente di andare alla scheda precedente. Le schede sono numerate progressivamente dalla n. 1 in poi. Il numero attribuito alla scheda diventa un numero permanente. Schede vuote non possono essere salvate.
- Tra il secondo e il terzo pulsante viene mostrato il numero progressivo della scheda. Cliccando su questo numero si apre una finestra che consente di inserire il numero di scheda o andare alla prima scheda vuota alla fine dell'archivio.
- Il terzo pulsante ">>" consente di passare alla scheda successiva. Poiché Sintropia-DS non consente di salvare schede vuote, se la scheda è vuota e ci si trova alla fine dell'archivio, è impossibile passare alla scheda successiva. I dati vengono salvati automaticamente quando ci si sposta tra le schede e la password è ON.
- Il quarto pulsante "Stampa" apre una finestra che consente di stampare i dati. Quando è necessario produrre solo pochi campi della scheda, è necessario modificare il modulo di output.
- Dopo il quarto pulsante viene visualizzato il numero di pagina della scheda. Le schede sono organizzate in pagine. È possibile cambiare pagina usando i tasti Pagina giù e Pagina su.
- Il pulsante Cancella apre la finestra "Cancella" che consente di: cancellare i dati del campo selezionato dal cursore, tutti i dati della scheda o tutti i campi selezionati nella finestra "Opzioni".
- Il pulsante Copia consente di copiare il contenuto di un'altra scheda. Se il contenuto della scheda selezionata è stato modificato

accidentalmente, è possibile ripristinarlo scegliendo l'opzione "Recupera la scheda attuale".
- L'ultimo pulsante "note" apre una pagina di note che può essere lunga 32k (32.000 caratteri). Quando una nota è presente, la barra dei comandi mostra in maiuscolo la scritta "NOTE".

I tasti attivi sono:

- PgDn (Page Down) va alla pagina successiva.
- PgUp (Page Up) va alla pagina precedente.
- End va alla fine della scheda.
- Home va all'inizio della scheda.
- Frecce verticali – vanno al campo precedente o successivo.
- F1 << va alla scheda precedente.
- F2 >> va alla scheda successiva.
- F8 cancella l'informazione nel campo in cui ci troviamo.
- F3 mostra la lista delle modalità associate al campo su cui ci troviamo.
- F4 copia il contenuto del campo.

Ora, inseriamo i dati della prima scheda: soggetto n. 1, la pressione del sangue prima = 130, è stato ricevuto il farmaco Sì, la pressione arteriosa dopo = 120.

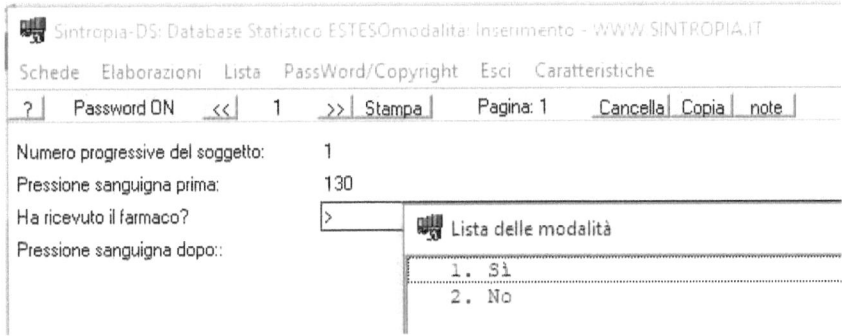

Spostiamo il cursore sul primo campo e scriviamo "1" seguito dal tasto Invio. Il cursore si sposta automaticamente nel seguente campo in cui scriviamo 130, seguito dal tasto Invio. Nel terzo campo possiamo scrivere Sì (o solo S), oppure possiamo usare il numero 1, poiché Sì è la prima modalità nella lista, oppure possiamo visualizzare la lista premendo il tasto F3 e scegliere dalla lista. Scriviamo poi 120 per la pressione sanguigna. Salviamo e andiamo alla scheda successiva premendo il tasto "F2" o il tasto ">>". I dati vengono automaticamente salvati passando ad un'altra scheda.

Quando i dati sono disponibili in file Excel o in qualche altro formato, è possibile importarli in Sintropia-DS. Dobbiamo prima salvarli in un formato di testo come il .CSV (valori separati da virgole). Quindi selezioniamo l'opzione "Input da file testo" dal menu Scheda.

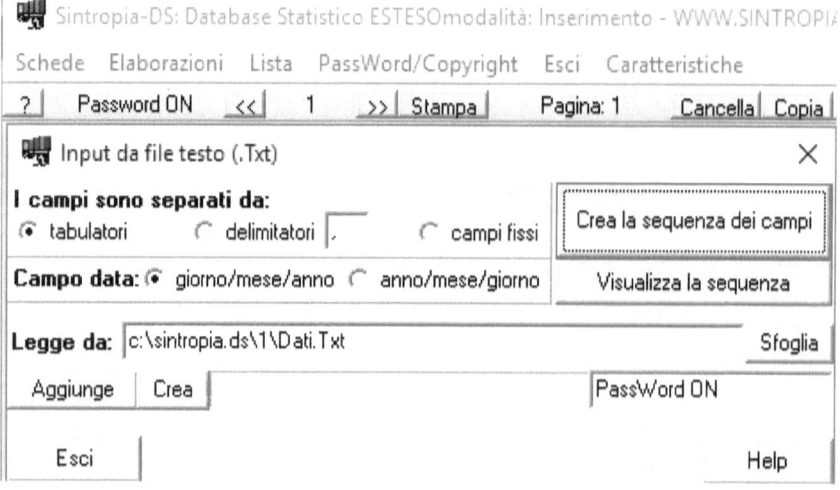

Il tasto "Crea sequenza dei campi" crea la sequenza dei campi che devono essere importati. Questa sequenza può essere modificata usando l'opzione "Visualizza la sequenza". Il delimitatore nei file CSV è solitamente la virgola. Il pulsante "Sfoglia" seleziona il file in cui sono salvati i dati. A questo punto siamo pronti per creare (importare) il file premendo il pulsante "Crea". Il file viene letto nell'archivio di

Sintropia-DS. Una pagina di diagnostica indica eventuali problemi rilevati nel caricamento dei dati. Sintropia-DS può gestire archivi fino a 500.000 schede e 4.000 campi per scheda.

- Informazioni più dettagliate sullo sviluppo di una scheda Sintropia-DS

Il file Scheda.Txt contiene:

- una prima riga, solitamente con il nome del progetto;
- linee di comando di testo, che iniziano con *T e sono seguite da linee con il testo che verrà mostrato sulla scheda (ad esempio domande e istruzioni);
- linee di comando di campo, che iniziano con *C e sono seguite dalla definizione dei dati del campo;
- righe di comando della pagina, che iniziano con *P e dividono il modulo in pagine.

Una riga di comando inizia con il carattere *. I comandi sono scritti in lettere maiuscole. Tutto ciò che è scritto in caratteri minuscoli viene omesso e considerato come nota, ad eccezione delle parole: elvetico, courriere, arial, modern, roman che definiscono il tipo di carattere. In una scheda è possibile specificare al massimo 9 combinazioni di colori, caratteri e dimensioni dei caratteri. Quando questo numero di combinazioni viene superato, le informazioni verranno mostrate usando la prima combinazione di caratteri. Se il colore, la giustificazione, dimensione non sono specificati, il programma utilizza le definizioni dell'ultimo campo. Quando non viene fornita alcuna indicazione, viene utilizzato il colore nero, il testo inizierà a sinistra del modulo al pixel n. 5 e sarà giustificato a sinistra. Se si desidera iniziare il testo in un pixel diverso utilizzate il carattere X, seguito dal numero del pixel orizzontale. Allo stesso modo si usa il carattere Y, seguito dal numero del pixel verticale (partendo dall'alto). Se il carattere Y è seguito da un segno di uguale (Y=) il testo verrà scritto nella stessa posizione verticale utilizzata dall'ultima definizione.

Le righe di comando Testo (*T) sono seguite da una o più righe di testo che verranno mostrate sulla pagina. I comandi nella riga di comando del testo (*T) possono essere:

C Testo centrato
< Testo giustificato a sinistra
> Testo giustificato a destra
_ Testo sottolineato (_)
I Italico
M Grassetto
S Testo normale
G Caratteri grandi
P Caratteri piccoli
N Nero
R Rosso
B Blue
V Verde

Di default i campi iniziano alla posizione X 100 (100 pixel da sinistra). Se volete iniziare il campo da una posizione diversa utilizzate il carattere X seguito dal numero del pixel orizzontale, o il carattere Y seguito dal numero del pixel verticale (partendo dall'alto). Se il carattere Y è seguito dal segno di uguale (Y=), il campo verrà mostrato nella stessa posizione verticale utilizzata dall'ultima definizione. La lettera Z seguita dalla posizione orizzontale indica dove finirà il campo; in assenza verrà utilizzato il margine destro della scheda. I seguenti comandi sono anche possibili nella linea del campo *C: I Italico, M Grassetto, S testo Normale, G testo Grande, P Testo piccolo, N testo Nero, R testo Rosso, B testo Blue e V testo Verde.

I caratteri di comando del campo *C sono seguiti da linee che definiscono il tipo di dati.

— *CA: campo alfabetico, seguito dal numero di caratteri riservato per il testo. Ad esempio *CA40 indica una riga di testo che può avere al massimo 40 caratteri.

- *CC: Campo codificato. I campi codificati sono tutti quelli che utilizzano un elenco di modalità. *CC è seguito dall'elenco delle modalità. Quando lo stesso elenco di modalità è presente in più campi, possiamo dargli un numero, ad esempio *CC #1. Quando verrà trovato di nuovo *CC #1, Sintropia.DS utilizzerà l'elenco di modalità trovato alla prima occorrenza di *CC #1. Le modalità non possono iniziare con numeri, poiché i numeri vengono sempre interpretati come codici.

- Quando un comando di campo codificato è seguito da un numero, indica quanti campi riservare per l'immissione dei dati. Ad esempio *CC3 dice di riservare 3 campi per l'immissione dei dati. Se il numero di campi è seguito da una virgola e un altro numero, dice di dividere i campi in più righe. Ad esempio *CC21,3 riserva 7 righe con 3 campi ciascuna, per un totale di 21 campi.

- *CQ Campo quantitativo da -32,000 a +32,000
- *CL Campo quantitativo lungo da -999,999,999 a +999,999,999
- *CT Campo territoriale (usa le codifiche ISTAT dei comuni)
- *CO Campo Ora
- *CD Campo Data
- *CP Campo Percentuale

*P (Pagina) questa linea di commando è usata per cambiare pagina.

Quando si compila l'archivio Sintropia-DS per la prima volta le stringhe di testo potrebbero essere sovrascritte dal campo di inserimento dati. Questo problema viene risolto inserendo la posizione X da cui far iniziare il campo di inserimento dati.

Per trovare le posizioni utilizzare il pulsante "visualizza la posizione del cursore sulla scheda (x/y) che trovate nella finestra "Edit e Creazione" del menù Schede. Questa opzione fa entrare in una modalità speciale che consente di conoscere le posizioni x/y del punto che cliccate con il mouse.

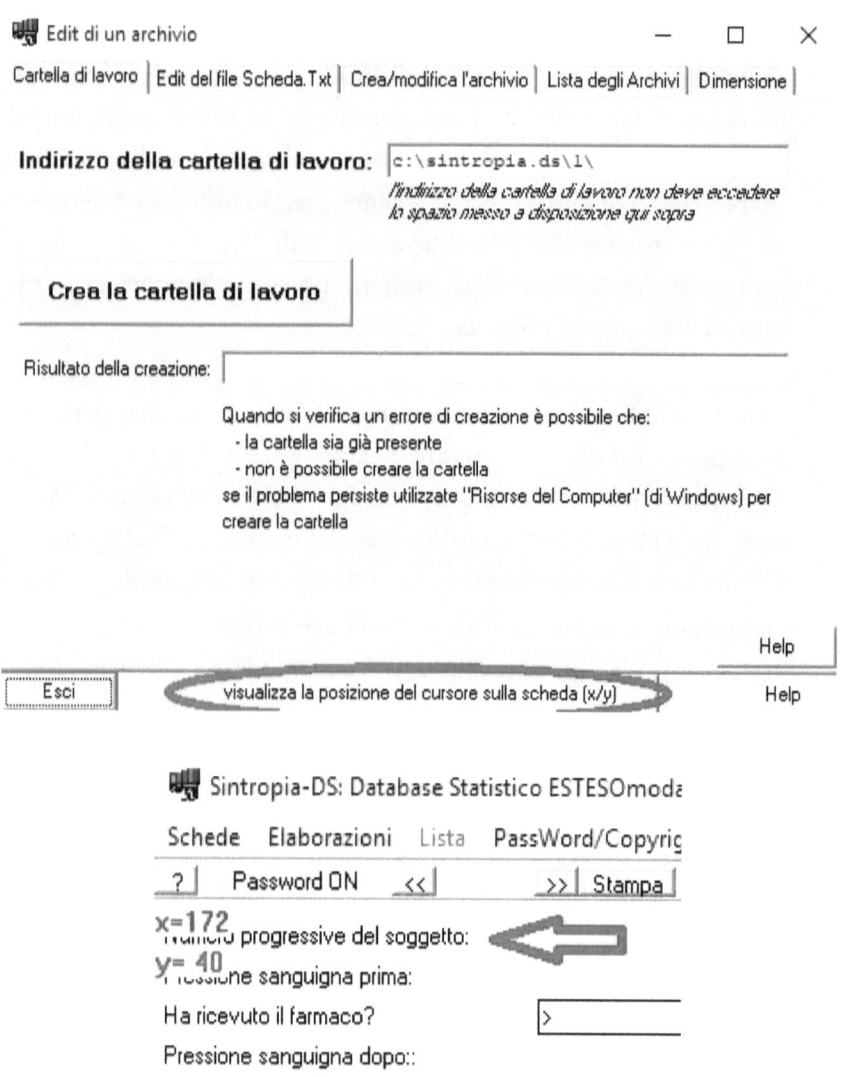

Il valore X può essere aggiunto nella riga di comando *C. Ad esempio *CX172 indica di far iniziare il campo di inserimento dati al pixel 172. Per uscire da questa modalità speciale è sufficiente selezionare l'opzione inserimento/modifica dati del menù Schede.

È possibile aggiungere un'immagine o un logo alla scheda. Salvandola nel file "logo.bmp", nella stessa cartella dell'archivio. L'immagine verrà mostrata su ogni pagina della scheda a partire dall'angolo superiore sinistro. Se si desidera spostare il logo sulla scheda, spostate il logo sul file .bmp verso il basso o verso destra il numero di pixel che si desidera spostare e salvate di nuovo il file "logo.bmp".

Durante la compilazione del file scheda.txt, la diagnostica indicherà se sono stati riscontrati errori. La diagnostica è del tipo:

11, campo *C non definito
12, Lista dopo un puntatore ad una lista (#)

Il numero all'inizio corrisponde alla riga nel file Scheda.txt che ha originato l'errore. Il programma mostra il testo che ha prodotto l'errore. Tornate su scheda.txt correggete l'errore (in questo esempio cambiate *C in * CC) e ricompilate nuovamente. Quando non vengono visualizzati messaggi di diagnostica, la scheda è pronto per l'immissione dei dati.

È possibile definire le dimensioni della finestra utilizzando le opzioni di larghezza e altezza della pagina nella finestra Edit e Creazione che trovate nel menù Scede.

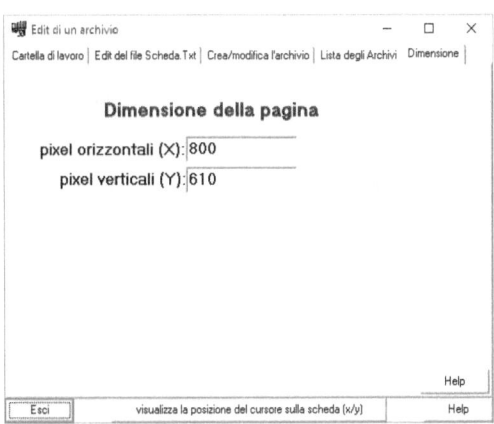

Al termine della messa a punto della scheda può essere utile ottimizzare alcune funzioni di inserimento dati, scegliendo "Configura" alla fine del menu "Schede".

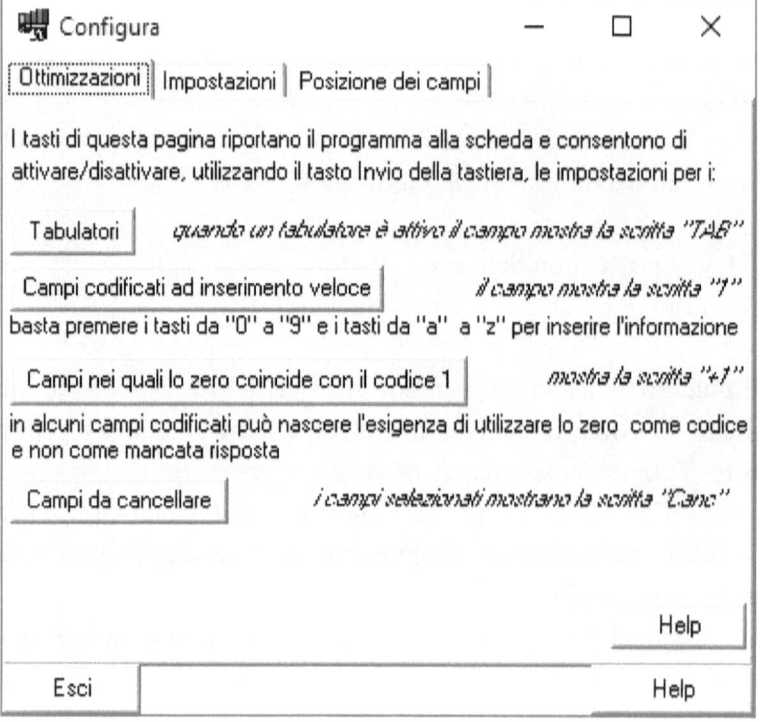

Le opzioni sono:

- Tabulatori che consentono, durante l'immissione dei dati, di passare rapidamente al gruppo successivo di elementi premendo semplicemente il tasto Tab.
- I campi di immissione rapida dei dati consentono di inserire etichette e valori premendo solo un tasto da "0" a "9" per i codici da "0" a "9" e da "a" a "z" per i codici da 10 a 35.
- Poiché 0 viene considerato come risposta mancante, quando i questionari utilizzano punteggi da 0 a 10, lo 0 deve essere trattato come un dato. Questo viene fatto automaticamente, aumentando

il valore del codice di uno (e di conseguenza anche tutti gli altri codici).

È anche possibile inserire condizioni, ad esempio andare a, ecc.:

- *Andare a.* A seconda delle informazioni inserite, potrebbe essere utile passare automaticamente a un'altra sezione del modulo. Ad esempio: 5 = 3,7> 30 indica che quando il campo 5 ha un valore compreso tra 3 e 7 si passa automaticamente al campo 30. È possibile immettere più condizioni, seguendo il requisito che ogni linea è una condizione. Ad esempio:

    5 = 3,7> 30;
    5 = 8,8> 35.

  Se il campo 5 ha un valore compreso tra 3 e 7, allora vai al campo 30. Se il campo 5 è uguale a 8, allora vai al campo 35. Se il salto è relativo alle informazioni presenti in un campo diverso, la sintassi è la seguente: 7 = 5 = 3,7> 30 Quando si sta sul campo 7 se il campo 5 ha un valore compreso tra 3 e 7, passare al campo 30.

- Controlli nella fase di salvataggio dei dati. È possibile eseguire controlli prima di salvare le informazioni. Ad esempio:
  1, Operatore
  2, Data
  9, client

  Se nessuna informazione è presente in uno o più dei campi elencati, il programma mostrerà una finestra che informa che mancano i dati e chiede cosa fare prima di salvare.
- COLORE. È possibile evidenziare i campi di immissione dati utilizzando un colore speciale.
- AGGIORNA LE MODALITA' DELLE LISTE. Quando viene inserita una nuova etichetta, il programma mostra l'elenco delle etichette note e chiede se la nuova etichetta deve essere aggiunta alla lista. Questa funzione consente di creare elenchi mentre i dati vengono immessi e viene spesso utilizzata su campi difficili da codificare. Quando l'immissione dei dati viene eseguita utilizzando più di un computer, questa opzione può creare problemi; è quindi possibile disabilitarla dalla finestra delle opzioni.
- MOUSE. Quando l'immissione dei dati è stata ottimizzata, può essere conveniente disabilitare l'uso del mouse, al fine di evitare salti accidentali da un campo all'altro.

I numeri di campo vengono utilizzati per impostare diverse opzioni del programma, ad esempio le opzioni di salto e il salvataggio dei controlli della scheda.

```
┌─────────────────────────────────────────────────────────┐
│ 🖳 Configura                           —    □    ×      │
│ Ottimizzazioni │ Impostazioni  Posizione dei campi │    │
│                                                         │
│ I tasti di questa pagina riportano il programma alla scheda: │
│                                                         │
│ ┌─────────────────────────────────────────────────────┐ │
│ │      Visualizza il numero d'ordine del campo        │ │
│ └─────────────────────────────────────────────────────┘ │
│      (ad esempio per impostare le stampe e le elaborazioni dei dati) │
│                                                         │
│         Visualizza la posizione dei campi nei record    │
│   (informazioni utilizzate da quei programmatori che vogliono far interagire │
│    le loro applicazioni direttamente con le strutture dati del Database Statistico) │
│                                                         │
│                                                  Help   │
│   Esci                                           Help   │
└─────────────────────────────────────────────────────────┘
```

- *Numero del campo.* Quando si sceglie questa opzione, il programma torna all'opzione Immissione dati, mostrando per ogni campo il numero di campo corrispondente.
- *Posizione del campo nel record.* Viene utilizzato dai programmatori che hanno bisogno di sviluppare applicazioni che interagiscono direttamente con i file Sintropia-DS. I dati sono memorizzati in due file diversi. Il file alfabetico alf-sch.dat e il file numerico num-sch.dat. Quando viene scelta questa opzione il programma torna all'opzione Inserimento/modifica e mostra, per ciascun campo, la posizione.
- Per conoscere la lunghezza di ogni record utilizzare l'opzione "Lista Archivi" del menu "Schede".

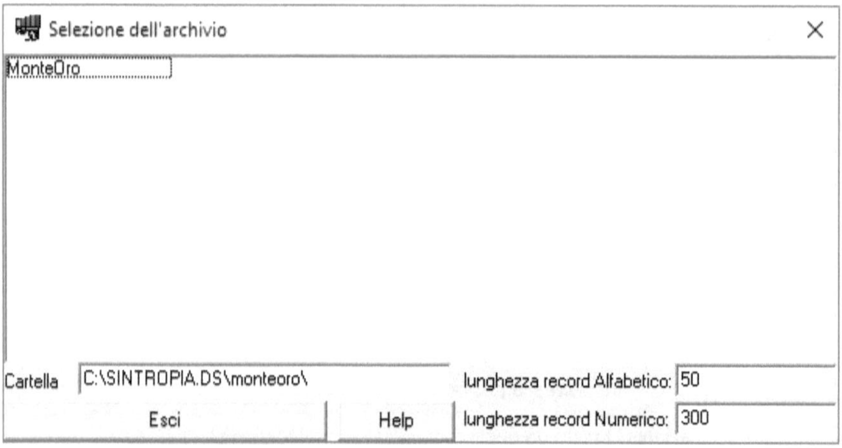
Selezione dell'archivio
MonteOro
Cartella
C:\SINTROPIA.DS\monteoro\
lunghezza record Alfabetico:
50
Esci
Help
lunghezza record Numerico:
300

Per qualsiasi informazioni aggiuntiva o più specifica consultate la sezione degli Help che potete accedere selezionando i tasti “Help” o “?”.

www.ingramcontent.com/pod-product-compliance
Lightning Source LLC
Chambersburg PA
CBHW021951170526
45157CB00003B/936